非光滑多目标
理论及方法

U0267010

王金鹤　孟凡云　庞丽萍　著

科学出版社

北京

内 容 简 介

本书主要研究非光滑多目标规划问题, 借助广义函数集值映射, 讨论广义函数的多目标优化问题, 建立该问题的充分条件、必要条件以及对偶定理; 针对参数变分不等式约束和二阶锥广义方程约束的多目标优化问题, 利用变分分析, 建立问题的最优性条件; 对基于参数变分不等式约束的多目标优化问题, 借助扰动分析, 讨论问题的 KKT 点的渐近收敛性; 提出求解非光滑均衡问题的近似束方法, 进行算法的收敛性分析.

本书适合运筹学、经济学、计算机及其相关专业的高年级本科生、研究生和教学科研工作者阅读参考.

图书在版编目 (CIP) 数据

非光滑多目标规划最优性理论及方法/王金鹤, 孟凡云, 庞丽萍著. —北京: 科学出版社, 2020.3

ISBN 978-7-03-064459-6

Ⅰ. ①非… Ⅱ. ①王…②孟…③庞… Ⅲ. ①多目标(数学)-数学规划-研究 Ⅳ. ①O221.6

中国版本图书馆 CIP 数据核字 (2020) 第 028716 号

责任编辑: 姜 红 常友丽 / 责任校对: 杨聪敏
责任印制: 吴兆东 / 封面设计: 无极书装

科学出版社 出版
北京东黄城根北街 16 号
邮政编码: 100717
http://www.sciencep.com

北京中石油彩色印刷有限责任公司 印刷
科学出版社发行 各地新华书店经销
*
2020 年 3 月第 一 版 开本: 720 × 1000 1/16
2020 年 3 月第一次印刷 印张: 8 3/4
字数: 176 000
定价: 99.00 元
(如有印装质量问题, 我社负责调换)

前　言

自法国经济学家 V. Pareto 提出多目标最优化概念以来, 经历一个多世纪的努力, 多目标最优化问题取得了巨大进展, 但仍存在诸多悬而未决的问题. 多目标规划已经成了运筹学中一个重要分支, 在经济、工程、生产调度等方面都有重要的应用. 例如, 生产企业在制订生产计划时, 要同时兼顾产品利润、生产工艺复杂度、市场占有率和投资计划等目标; 消费者在购买商品时, 要同时兼顾商品价格、颜色偏好、商品性能和商品急需性等目标; 开发者在规划软件系统时, 要同时兼顾软件系统的生命周期、开发成本、系统性能和系统可靠性等目标. 当需要在多个目标之间做出取舍决定时, 就应当采取最优决策. 考虑目标问题的角度不同, 采用的最优决策方法也不同, 研究快速有效地求解多目标规划问题的最优决策方法具有重要的理论意义和实用价值.

本书分析广义函数的多目标优化问题, 提出参数变分不等式约束和二阶锥广义方程约束的多目标优化问题, 讨论基于参数变分不等式约束的多目标优化问题 KKT 点的渐近收敛性, 提出求解非光滑均衡问题的近似束方法. 本书第 1 章和第 2 章分别给出了变分分析基础和多目标规划基础. 第 3 章研究了广义函数多目标规划的充分条件和必要条件, 讨论了广义函数多目标规划的对偶问题. 第 4 章和第 5 章分别提出了基于参数变分不等式约束和二阶锥广义方程约束的多目标优化问题的最优性条件. 第 6 章研究了基于参数变分不等式约束的随机多目标优化问题 KKT 点的渐近收敛性. 第 7 章提出了求解非光滑均衡问题的近似束方法. 在本书出版过程中, 感谢王培良、李祖欣、潘国祥等老师提出的宝贵意见, 王斌、李道全、张楠、巩玉玺等老师以及田玉铢、张明堃、肖泽昊、王帅等同学协助完成了书稿的文字编辑和校正工作, 在此表示感谢.

本书得到了国家自然科学基金项目"DNA 扩增反应室试管反应液热流状态规律及温度响应动态特性机理研究"（项目编号：31271077）、"基因循环扩增热传递机理研究"（项目编号：31070893）以及省市级科技项目"一类随机多目标优化问题（弱）Pareto 有效解集上的最优化方法研究"（项目编号：ZR2019BA014）、"基于 Agent 技术的智能制造过程计算机仿真关键技术研究"（项目编号：2019GGX104089）、"基于分布式光纤 SPR 传感技术的 PCR 反应计算机控制过程特征提取方法研究"（项目编号：J17KA061）、"分布式智能制造系统过程控制技术研究"（项目编号：2016GY03）的资助, 在此一并致谢.

由于作者水平有限, 本书难免存在不妥之处, 欢迎读者批评指正.

作　者

2019 年 1 月

目　　录

主要符号和缩写

$\mathbb{R}^n$ n 维实数的空间

$\mathbb{R}^n_+$ n 维实数的空间的非负卦限

K° 闭凸锥 K 的极锥

x^{T} 向量 x 的转置

$\mathrm{conv}\, C$ 集合 C 的凸包

$\mathrm{dom}\, f$ 函数 f 的有效域

$\mathcal{J}F$ 映射 F 的 Jacobian 矩阵

∇f 函数 f 的梯度列向量

∂f 凸函数 f 的次微分

$\mathrm{bd}\, \Omega$ 集合 Ω 的边界

$\mathrm{int}\, \Omega$ 集合 Ω 的内部

$\mathrm{ri}\, \Omega$ 集合 Ω 的相对内部

$\mathrm{cl}\, \Omega$ 集合 Ω 的闭包

$\delta(\cdot\,|\,C)$ 凸集合 C 上的指示函数

$\mathcal{T}_C(x)$ 凸集合 C 在 x 点处的切锥

$\mathcal{N}_C(x)$ 凸集合 C 在 x 点处的法锥

$\mathbb{E}[\xi]$ 随机变量 ξ 的数学期望

$\times_{i=1}^{n} C_i$ 集合 $C_1, C_2, \cdots, C_n$ 的笛卡儿积

第1章 变分分析基础

本章主要给出后续章节所需的凸分析和变分分析的基础知识. 其中, 凸分析基础主要给出了凸集和凸函数的相关理论, 主要用于多目标规划的转化; 变分分析基础主要给出了集值映射的极限等基本概念, 主要用于定义集合的切锥和法锥, 进而刻画一阶最优性条件.

1.1 凸分析基础

本节主要给出了凸分析中的一些重要概念及结论, 主要包括: 凸集、凸锥、凸集分离定理、凸函数及其基本性质、次微分等. 为方便起见, 这里主要引述 Rockafellar 等[1] 和冯德兴[2] 的定义和结论.

对于 $x, y \in \mathbb{R}^n$, 经过 x 与 y 的直线可以表示为

$$(1-t)x + ty, t \in \mathbb{R},$$

连接 x 与 y 的线段, 记为 $[x, y]$, 可表示为

$$[x, y] = \{(1-t)x + ty | t \in [0, 1]\}.$$

设 $M \subset \mathbb{R}^n$ 是子集合, 若对任意 $x \in M, y \in M, t \in \mathbb{R}$, 均有 $(1-t)x + ty \in M$, 则称 M 是 $\mathbb{R}^n$ 的一仿射集合.

设 $C \subset \mathbb{R}^n$ 是集合, 包含 C 的最小的仿射集合被称为 C 的仿射包, 记为 aff C. 若 $C \subset \mathbb{R}^n$ 包含原点, 被 C 包含的最大的线性子空间被称为 C 的线空间, 记为 lin C. 设 $C \subset \mathbb{R}^n$ 是集合, 如果对任意的 $x \in C, y \in C$, 均有 $[x, y] \subset C$, 则称 C 是凸集合. 设 $K \subset \mathbb{R}^n$ 是集合, 如果对任意的 $x \in K, t > 0$, 均有 $tx \in K$, 则称 K 是锥, 如果 K 还是凸集合, 则称 K 是凸锥.

设 $C \subset \mathbb{R}^n$ 是一凸集合, 则它的闭包、内部、相对内部、相对边界分别表示为

$$\mathrm{cl}C = \bigcap_{\varepsilon > 0} (C + \varepsilon B),$$
$$\mathrm{int}C = \{x | \exists \varepsilon > 0, x + \varepsilon B \subset C\},$$
$$\mathrm{ri}C = \{x \in \mathrm{aff}C | \exists \varepsilon > 0, (x + \varepsilon)B \cap \mathrm{aff}C \subset C\},$$
$$\mathrm{rbd}C = (\mathrm{cl}C) \backslash (\mathrm{ri}C).$$

下面介绍两个凸锥的基本定理.

定理 1.1[2]　　集合 $K \subset \mathbb{R}^n$ 为凸锥的充分必要条件是

$$\lambda x + \mu y \in K, \forall \lambda, \mu > 0.$$

定理 1.2[2]　　设 $K \subset \mathbb{R}^n$ 是任一非空子集, M 为 K 的所有正线性组合 (即在线性组合 $\lambda_1 x_1 + \cdots + \lambda_m x_m$ 中诸系数 λ_i 都是正的) 构成的集合, 那么 M 是包含 K 的最小的凸锥.

凸集的分离是凸分析中重要的概念之一, 它所基于的基本事实是: $\mathbb{R}^n$ 中的一个超平面正好把 $\mathbb{R}^n$ 一分为二, 并且此超平面的补集恰好是与其关联的两个不相交的开凸集 (即两个半开空间) 之并.

$\mathbb{R}^n$ 上的任一线性泛函 f 对应于 $\mathbb{R}^n$ 中唯一点 x^*, 使得

$$f(x) = \langle x, x^* \rangle, \forall x \in \mathbb{R}^n.$$

$\mathbb{R}^n$ 中任一超平面 H 都可以表示成

$$H(x^*, \beta) := \{x \in \mathbb{R}^n | \langle x, x^* \rangle = \beta\},$$

式中, $x^* \in \mathbb{R}^n$ 为非零元; $\beta \in \mathbb{R}$.

给定 $\mathbb{R}^n$ 中的子集 A 和超平面 $H(f, \alpha)$, 我们称集合 A 位于超平面 $H(f, \alpha)$ 的一侧, 是指

$$f(x) \leqslant \alpha, \forall x \in A,$$

或者

$$f(x) \geqslant \alpha, \forall x \in A.$$

给定 $\mathbb{R}^n$ 中两个子集 A 和 B 以及一个超平面 $H = H(f, \alpha)$. 我们称 A 和 B 被超平面 H 所分离, 是指它们分别位于 H 的两侧, 确切地说, 就是

$$f(x) \leqslant \alpha \leqslant f(y), \forall x \in A, \forall y \in B, \tag{1.1}$$

或者

$$f(x) \geqslant \alpha \geqslant f(y), \forall x \in A, \forall y \in B. \tag{1.2}$$

集合 A 和 B 被超平面 $H(f, \alpha)$ 真分离, 是指式 (1.1) 或者式 (1.2) 成立, 同时式 (1.1) 或者式 (1.2) 不可能总是等号成立; 集合 A 和 B 被超平面 $H(f, \alpha)$ 严格分离, 是指

$$f(x) < \alpha < f(y), \forall x \in A, \forall y \in B,$$

或者

$$f(x) > \alpha > f(y), \forall x \in A, \forall y \in B.$$

集合 A 和 B 被超平面 $H(f,\alpha)$ 强分离, 是指存在一实数 $\varepsilon > 0$, 使得

$$f(x) \leqslant \alpha - \varepsilon < \alpha + \varepsilon \leqslant f(y), \forall x \in A, \forall y \in B,$$

或者

$$f(y) \leqslant \alpha - \varepsilon < \alpha + \varepsilon \leqslant f(x), \forall x \in A, \forall y \in B.$$

定理 1.3[2] 设 A 和 B 为 $\mathbb{R}^n$ 中的两个非空子集. 那么 A, B 能用一个超平面分离的充分必要条件是存在一非零向量 $f \in \mathbb{R}^n$, 使得

$$\inf\{\langle x, f \rangle | x \in A\} \leqslant \sup\{\langle y, f \rangle | x \in B\}; \tag{1.3}$$

A, B 能用一个超平面真分离的充分必要条件是存在一非零向量 $f \in \mathbb{R}^n$ 满足式 (1.3) 及

$$\sup\{\langle x, f \rangle | x \in A\} > \inf\{\langle y, f \rangle | x \in B\};$$

而 A, B 能用一个超平面强分离的充分必要条件是存在一非零向量 $f \in \mathbb{R}^n$ 满足

$$\inf\{\langle x, f \rangle | x \in A\} > \sup\{\langle y, f \rangle | x \in B\}.$$

定理 1.4[2] 设 A 是 $\mathbb{R}^n$ 中的一个非空相对开凸子集, M 是一个非空仿射集, 满足 $A \cap M = \varnothing$. 那么必定存在一个超平面 $H(f, \alpha)$ 使得 $M \subset H(f, \alpha)$, 并且 A 位于与超平面 $H(f, \alpha)$ 相关联的一个半开空间, 即

$$f(x) < \alpha, \forall x \in A,$$

或者

$$f(x) > \alpha, \forall x \in A.$$

设 $f : \mathbb{R}^n \to \bar{\mathbb{R}}$ 是增广实值函数, f 的上图定义为

$$\mathrm{epi} f = \{(x, \alpha) \in \mathbb{R}^{n+1} | f(x) \leqslant \alpha\};$$

f 的有效域定义为

$$\mathrm{dom} f = \{x | f(x) < +\infty\}.$$

称函数 f 是正常的, 如果存在 $x \in \mathrm{dom} f$, 且对任意的 x, 均有 $f(x) > -\infty$. 若 f 不是正常的, 则称它是非正常的.

如果上图 $\mathrm{epi}\, f$ 是 $\mathbb{R}^{n+1}$ 中的凸子集, 则称函数 f 是凸函数.

命题 1.1[1] 设 $C \subset \mathbb{R}^n$ 是一凸集合, $f : C \to \bar{\mathbb{R}}$ 是一增广实值函数. 则 f 是 C 上的凸函数的充分必要条件是对任意的 $x \in C, y \in C$, 有

$$f((1-t)x + ty) \leqslant (1-t)f(x) + tf(y), 0 < t < 1.$$

命题 1.2 [1]　设 $f : \mathbb{R}^n \to \bar{\mathbb{R}}$ 是一增广实值函数, 则 f 是凸函数的充分必要条件是只要 $f(x) < \alpha, f(y) < \beta$, 必有

$$f((1-t)x + ty) \leqslant (1-t)\alpha + t\beta, 0 < t < 1.$$

设 $f : \mathbb{R}^n \to \bar{\mathbb{R}}$ 是增广实值函数, 称 f 在 x 处是下半连续的, 如果

$$f(x) \leqslant \liminf_{y \to x} f(y).$$

命题 1.3 [1]　设 $f : \mathbb{R}^n \to \bar{\mathbb{R}}$ 是一增广实值函数. 则下述条件等价:

(1) f 在 $\mathbb{R}^n$ 上是下半连续的;

(2) 对每一 $\alpha \in \mathbb{R}$, $\{x | f(x) \leqslant \alpha\}$ 是闭集合;

(3) epi f 是 $\mathbb{R}^{n+1}$ 的闭子集.

上图是 cl(epi$f$) 的函数, 记为 lsc$f$, 称为 f 的下半连续包, 即

$$\text{epi}(\text{lsc}f) = \text{cl}(\text{epi}f).$$

f 的闭包记为 cl$f$, 定义为

$$(\text{cl}f)(x) = \begin{cases} (\text{lsc}f)(x), & \text{若 } \text{lsc}f > -\infty, \\ -\infty, & \text{否则.} \end{cases}$$

若 lsc$f$ 是正常函数, 则 cl$f$ = lsc$f$.

设 $f : \mathbb{R}^n \to \bar{\mathbb{R}}$ 为凸函数, 称向量 $x^* \in \mathbb{R}^n$ 为 f 在 x 处的一个次梯度, 是指它满足

$$f(z) \leqslant f(x) + \langle x^*, z - x \rangle, \forall z \in \mathbb{R}^n.$$

这个条件称作次梯度不等式. 当 f 在 x 处存在次梯度 x^*, 并且 $f(x)$ 为有穷值时, 必有 $f(z) > -\infty, \forall z \in \mathbb{R}^n$, 这时它有简单的几何意义:

$$h(z) = f(x) + \langle z - x, x^* \rangle,$$

该仿射函数的图像 $\{(z, f(z)) | z \in \mathbb{R}^n\}$ 是凸集 epi$f$ 在点 $(x, f(x))$ 处的一个非垂直的承托超平面.

f 在 x 的所有次梯度的集合称为 f 在 x 处的次微分, 记作 $\partial f(x)$, 即

$$\partial f(x) = \{x^* \in \mathbb{R}^n | f(z) \leqslant f(x) + \langle z - x, x^* \rangle, \forall z \in \mathbb{R}^n\}.$$

一般来说, $\partial f : x \to \partial f(x)$ 是一个多值映射, 称为 f 的次微分映射, 不难看出, $\partial f(x)$ 是 $\mathbb{R}^n$ 中的一个闭凸集. 由定义知, $x^* \in \partial f(x)$ 恰好是一簇线性不等式的解. 当然

对某些 x, $\partial f(x)$ 可以是空集, 也可以恰好含有一个向量. 如果 $\partial f(x)$ 不空, 则称 f 在 x 处是次可微的.

若 f 为 $\mathbb{R}^n$ 上的有穷值凸函数, 则 f 在每一点 $x \in \mathbb{R}^n$ 次可微, 并且 $\partial f(x)$ 是非空有界闭凸集.

命题 1.4[1] 设 $f : \mathbb{R}^n \to \bar{\mathbb{R}}$ 为正常凸函数, $x \in \mathrm{dom} f$. 如果 f 在 x 处可微, 则 $\nabla f(x)$ 是 f 在 x 处的唯一次梯度, 特别地, 有

$$f(z) \leqslant f(x) + \langle z - x, \nabla f(x) \rangle, \forall z \in \mathbb{R}^n.$$

反之, 若 $\partial f(x) = \{x^*\}$, 则 f 在 x 处可微, 并且 $x^* = \nabla f(x)$.

下一个定理是凸函数和的次微分的基本定理.

定理 1.5[1] 设 $f_k : \mathbb{R}^n \to \bar{\mathbb{R}}$ 为正常凸函数, $k = 1, 2, \cdots, m$, 则

$$\partial(f_1 + f_2 + \cdots + f_m)(x) \supset \partial f_1(x) + \partial f_2(x) + \cdots + \partial f_m(x).$$

如果 $\mathrm{ri}(\mathrm{dom} f_1) \cap \cdots \cap \mathrm{ri}(\mathrm{dom} f_m) \neq \varnothing$, 那么 $\forall x \in \mathbb{R}^n$,

$$\partial(f_1 + f_2 + \cdots + f_m)(x) = \partial f_1(x) + \partial f_2(x) + \cdots + \partial f_m(x).$$

1.2 变分分析相关结论

首先给出集值映射的内、外极限的概念.

定义 1.1[1] 集值映射 $S : \mathbb{R}^n \rightrightarrows \mathbb{R}^m$ 当 $x \to \bar{x}$ 时的外极限定义为

$$\limsup_{x \to \bar{x}} S(x) := \{u \in \mathbb{R}^m \mid \exists x^k \to \bar{x}, \exists u^k \in S(x^k), u^k \to u\},$$

内极限定义为

$$\liminf_{x \to \bar{x}} S(x) := \{u \in \mathbb{R}^m \mid \forall x^k \to \bar{x}, \exists N \in \mathcal{N}_\infty,$$

$$\exists u^k \in S(x^k)(k \in N), \text{ 使得} u^k \to u\},$$

式中, $\mathcal{N}_\infty = \{N \subset \mathbb{N} \mid \mathbb{N} \setminus N \text{ 是有限集合}\}$; $\mathbb{N}$ 表示自然数集合.

根据集值映射的内外极限, 定义集合的切锥与法锥.

定义 1.2[1] 设集合 $\Omega \subset \mathbb{R}^n$ 在点 $\bar{x} \in \Omega$ 附近是局部闭的. 定义集合 Ω 在点 $\bar{x}$ 处的:

- 切锥

$$\mathcal{T}_\Omega(\bar{x}) := \limsup_{t \downarrow 0} \frac{\Omega - \bar{x}}{t};$$

- **内切锥**

$$\mathcal{T}_\Omega^i(\bar{x}) := \liminf_{t \downarrow 0} \frac{\Omega - \bar{x}}{t};$$

- **Fréchet（或正则）法锥**

$$\hat{\mathcal{N}}_\Omega(\bar{x}) := \left\{ v \in \mathbb{R}^n \,\middle|\, \limsup_{x \xrightarrow{\Omega} \bar{x}} \frac{\langle v, x - \bar{x} \rangle}{\|x - \bar{x}\|} \leqslant 0 \right\};$$

- **（极限）法锥**

$$\mathcal{N}_\Omega(\bar{x}) := \limsup_{x \xrightarrow{\Omega} \bar{x}} \hat{\mathcal{N}}_\Omega(x).$$

对于约束集合, 它的法锥有下述表达式.

命题 1.5 [1]　设 $C = \{x \in \Omega \mid F(x) \in D\}$, 其中, $\Omega \in \mathbb{R}^n, D \in \mathbb{R}^m$ 是两个闭集, $F : \mathbb{R}^n \to \mathbb{R}^m$ 是一个光滑映射, 对于任意的 $\bar{x} \in C$, 有

$$\hat{\mathcal{N}}_C(\bar{x}) \supset \hat{\mathcal{N}}_\Omega(\bar{x}) + \mathcal{J}F(\bar{x})^* \hat{\mathcal{N}}_D(F(\bar{x})).$$

若基本约束规范

$$\left. \begin{array}{r} y \in \mathcal{N}_D(F(\bar{x})) \\ 0 \in \mathcal{J}F(\bar{x})^* y + \mathcal{N}_\Omega(\bar{x}) \end{array} \right\} \implies y = 0 \tag{1.4}$$

成立, 则还有

$$\mathcal{N}_C(\bar{x}) \subset \mathcal{N}_\Omega(\bar{x}) + \mathcal{J}F(\bar{x})^* \mathcal{N}_D(F(\bar{x})).$$

进一步地, 若 $\Omega = \mathbb{R}^n$ 且 $\mathcal{J}F(\bar{x})$ 是行满秩的, 则

$$\mathcal{N}_C(\bar{x}) = \mathcal{J}F(\bar{x})^* \mathcal{N}_D(F(\bar{x})).$$

下面给出集值映射的伴同导数.

定义 1.3 [1]　设 $S : \mathbb{R}^n \rightrightarrows \mathbb{R}^m$ 是一闭图的集值映射, $(\bar{a}, \bar{b}) \in \mathrm{gph}S$, 其中, $\mathrm{gph}S = \{(a, b) \in \mathbb{R}^n \times \mathbb{R}^m \mid b \in S(a)\}$. 集值映射 S 在点 $(\bar{a}, \bar{b})$ 的正则伴同导数 $\hat{D}^*S(\bar{a}, \bar{b}) : \mathbb{R}^m \rightrightarrows \mathbb{R}^n$ 定义为

$$\hat{D}^*S(\bar{a}, \bar{b})(w) = \{v \in \mathbb{R}^n \mid (v, -w) \in \hat{\mathcal{N}}_{\mathrm{gph}S}(\bar{a}, \bar{b})\}. \tag{1.5}$$

S 在点 $(\bar{a}, \bar{b})$ 的伴同导数 $D^*S(\bar{a}, \bar{b}) : \mathbb{R}^m \rightrightarrows \mathbb{R}^n$, 定义为

$$D^*S(\bar{a}, \bar{b})(w) = \{v \in \mathbb{R}^n \mid (v, -w) \in \mathcal{N}_{\mathrm{gph}S}(\bar{a}, \bar{b})\}. \tag{1.6}$$

定义 1.4 [1]　设 $S : \mathbb{R}^n \rightrightarrows \mathbb{R}^m$ 是一集值映射, 称 S 在 $(\bar{a}, \bar{b}) \in \mathrm{gph}S$ 附近具有 Aubin（类 Lipschitz）性质 $(l \geqslant 0)$, 若存在 $\bar{a}$ 的邻域 U 和 $\bar{b}$ 的邻域 V, 使得

$$S(u') \cap V \subset S(u) + l\|u' - u\|\mathcal{B}, \ \forall u', \ u \in U.$$

利用伴同导数, 可以刻画集值映射的 Aubin 性质, 即 Mordukhovich 准则：设集值映射 $S : \mathbb{R}^n \rightrightarrows \mathbb{R}^m$ 在点 $(\bar{a}, \bar{b}) \in \mathrm{gph} S$ 是局部闭图的, 则 S 在 $(\bar{a}, \bar{b})$ 附近具有 Aubin 性质当且仅当

$$D^* S(a, b)(0) = \{0\}. \tag{1.7}$$

对于集值映射, 有一个比 Aubin 性质弱的性质, 即平稳性.

定义 1.5[1] 设 $S : \mathbb{R}^n \rightrightarrows \mathbb{R}^m$ 是一集值映射, 称 S 在 $(\bar{a}, \bar{b}) \in \mathrm{gph} S$ 是平稳的 (模为 $l \geqslant 0$), 若存在 $\bar{a}$ 的邻域 U 和 $\bar{b}$ 的邻域 V, 使得对所有的 $a \in U$, 有

$$S(a) \cap V \subset S(\bar{a}) + l \| a - \bar{a} \| \mathcal{B}.$$

Lipschitz 复合函数的次微分具有下面的性质.

引理 1.1[3] 向量值函数 $f : \mathbb{R}^n \times \mathbb{R}^m \to \mathbb{R}^l$ 在点 $(\bar{x}, \bar{y})$ 处是严格 Lipschitz 的, 函数 $\psi : \mathbb{R}^l \to \mathbb{R}$ 在 $f(\bar{x}, \bar{y})$ 附近是 Lipschitz 连续的, 则

$$\partial(\psi \circ f)(\bar{x}, \bar{y}) \subset \bigcup_{u^* \in \partial \psi(f(\bar{x}, \bar{y}))} \partial \langle u^*, f \rangle(\bar{x}, \bar{y}).$$

第 2 章　多目标规划基础

在线性规划和非线性规划中, 所研究的问题都只含有一个目标函数, 这类问题常称为单目标最优化问题, 简称单目标规划. 但是, 在工程技术、生产管理以及国防建设等中, 所遇到的问题往往需要同时考虑多个目标在某种意义下的最优问题, 我们称这种含有多个目标的最优化问题为多目标最优化问题, 简称多目标规划 (multiobjective programming, MP). 多目标规划的数学模型可以抽象为以下形式:

$$(\text{MP}) \qquad \begin{aligned} &\min f(x) := (f_1(x), f_2(x), \cdots, f_m(x)) \\ &\text{s.t. } x \in B, \end{aligned}$$

式中, $B \subset \mathbb{R}^n$ 为约束集; $f: \mathbb{R}^n \to \mathbb{R}^m$ 为向量值函数.

多目标规划是单目标规划的深入和发展, 但它不同于单目标规划, 有其特有的内涵. 最重要的是多目标规划的 "解" 的概念与单目标规划中最优解的概念有着本质的区别, 它是均衡或平衡概念, 判别目标的 "好" 与" 坏" 的标准, 通常要按决策者的 "偏好" 选用不同意义下的关系或者序来进行比较. 多目标规划的理论研究和应用已有几十年的历史, 并取得了许多成果, 已经成为数学规划的一个新的学科分支.

2.1　向量值函数的凸性

向量值函数的凸性是多目标规划重要的理论研究成果之一. 向量值函数的凸性对建立多目标规划问题的最优性条件和对偶理论起着重要的作用. 1978 年, Carven[4] 将数值函数的凸性推广到向量值函数, 引入了向量值函数的锥凸性. 设 $S \subset \mathbb{R}^n$ 是非空凸集, $C \subset \mathbb{R}^m$ 是凸锥, 称向量值函数 $f: S \to \mathbb{R}^m$ 是 C-凸的, 如果对 $\forall x, y \in S, \forall \lambda \in [0, 1]$, 有

$$\lambda f(x) + (1 - \lambda) f(y) - f(\lambda x + (1 - \lambda) y) \in C.$$

但在实际问题中很多函数都是非凸函数, 对于这种非凸多目标优化问题, 研究方法主要有两种. 第一种是弱化向量值函数的凸性, 即将向量值函数的凸性推广到广义凸性, 比如锥似凸[5]、锥次似凸[6]、广义锥次似凸[7]、邻近锥次似凸[8] 等.

定义 2.1 [5]　设 $S \subset \mathbb{R}^n$ 是非空凸集, $C \subset \mathbb{R}^m$ 是凸锥, 称向量值函数 $f: S \to$

$\mathbb{R}^m$ 是 C-似凸的, 如果 $\lambda \in (0,1)$, $\forall x_1, x_2 \in S$, $\exists x_3 \in S$, 使得

$$\lambda f(x_1) + (1-\lambda)f(x_2) - f(x_3) \in C.$$

定义 2.2 [6] 设 $S \subset \mathbb{R}^n$ 是非空凸集, $C \subset \mathbb{R}^m$ 是凸锥, 且 $\text{int}C \neq \varnothing$, 称向量值函数 $f : S \to \mathbb{R}^m$ 是 C-次似凸的, 如果 $\exists \theta \in \text{int}C$, $\lambda \in (0,1)$, $\forall x_1, x_2 \in S$, $\forall \varepsilon > 0, \exists x_3 \in S$, 使得

$$\varepsilon \theta + \lambda f(x_1) + (1-\lambda)f(x_2) - f(x_3) \in C.$$

定义 2.3 [7] 设 $S \subset \mathbb{R}^n$ 是非空凸集, $C \subset \mathbb{R}^m$ 是凸锥, 且 $\text{int}C \neq \varnothing$, 称向量值函数 $f : S \to \mathbb{R}^m$ 是广义 C-次似凸的, 如果 $\exists \theta \in \text{int}C$, $\lambda \in (0,1)$, $\forall x_1, x_2 \in S$, $\forall \varepsilon > 0, \exists \rho \geqslant 0, x_3 \in S$, 使得

$$\varepsilon \theta + \lambda f(x_1) + (1-\lambda)f(x_2) - \rho f(x_3) \in C.$$

定义 2.4 [8] 设 $S \subset \mathbb{R}^n$ 是非空子集, 称向量值函数 $f : S \to \mathbb{R}^m$ 是邻近 C-次似凸的, 如果 $\overline{\text{cone}(f(S)+C)}$ 为凸集.

从上面的定义可以看出: C-似凸性 $\Rightarrow$ C-次似凸性 $\Rightarrow$ 广义 C-次似凸性 $\Rightarrow$ 邻近 C-次似凸性.

这些广义锥凸性都能够用函数的像集来判断, 从而可以根据这些广义向量值函数像集的凸性, 利用凸集分离定理, 建立相应凸性下多目标规划问题的最优性条件、对偶定理等. 对于多目标规划问题相关研究, 杨新民、黄南京等取得了一系列的研究成果, 参见文献 [9]~[13].

第二种主要是借助非线性标量化的方法对不具备任何凸性的多目标优化问题进行研究. 比较常用的非线性标量化函数有分离函数[14]、距离函数[15], 这方面的成果可参见文献 [16]~[18]. 对无穷维空间的多目标优化, 其最优性的概念一般由偏好关系给出, 例如广义序关系[19]、闭序关系[19]、正则序关系[20], 这种类型的多目标问题的最优性条件一般是借助极点原理来建立的, 见文献 [21]、[22].

2.2 多目标规划的解

本节给出了多目标规划的解. 设 Y 是赋范向量空间.

定义 2.5 [14] 设 K 是 Y 中的任意一个非空子集.

(1) K 是锥, 如果 $\lambda \geqslant 0$, 有 $\lambda K \subset K$;

(2) 称锥 K 是凸的, 如果 $K + K \subset K$;

(3) 称锥 K 是点的, 如果 $K \cap (-K) = \{0_Y\}$.

定义 2.6[14]   称序关系 $\prec$ 是:

(1) 自反的, 如果 $\forall x \in Y, x \prec x$;

(2) 反对称的, 如果 $\forall x, y \in Y, x \prec y, y \prec x \Rightarrow x = y$;

(3) 传递的, 如果 $\forall x, y \in Y, x \prec y, y \prec z \Rightarrow x \prec z$.

满足 (1)、(2)、(3) 的序关系, 称为偏序关系. 对于 Y 中的任意一个非空子集 K, 可以定义如下的序关系:

$$x \leqslant_K y \Longleftrightarrow y - x \in K. \tag{2.1}$$

特别地, 当 K 是锥时, 序关系满足自反性; 当 K 是凸锥时, 序关系满足传递性; 当 K 是点凸锥时, 序关系满足自反性. 因此, 当 K 是点凸锥时, 按照式 (2.1) 所确定的序关系是一个偏序关系.

特别地, 由 $\mathbb{R}_+^n$ 所确定的 $\mathbb{R}^n$ 中的序称为自然序, 即对任意的 $x, y \in \mathbb{R}^n$,

$$x = y \Longleftrightarrow x_i = y_i, i = 1, 2, \cdots, n,$$

$$x \leqslant y \Longleftrightarrow y - x \in \mathbb{R}_+^n \Longleftrightarrow x_i \leqslant y_i, i = 1, 2, \cdots, n,$$

$$x \leqslant y \Longleftrightarrow y - x \in \mathbb{R}_+^n \backslash \{0\} \Longleftrightarrow x_i \leqslant y_i, i = 1, 2, \cdots, n,$$

且至少存在一个严格不等式成立,

$$x < y \Longleftrightarrow y - x \in \mathrm{int}\mathbb{R}_+^n \Longleftrightarrow x_i < y_i, \ i = 1, 2, \cdots, n.$$

(MP) 的解定义如下.

定义 2.7[17]   (1) 若存在 $\bar{x} \in B$, 使得 $f(\bar{x}) \in E(f(B), K)$, 则 $\bar{x}$ 称为(MP) 的有效解, 即

$$(f(B) - f(\bar{x})) \cap (-K) = \{0\}.$$

(2) 若存在 $\bar{x} \in B$, 使得 $f(\bar{x}) \in WE(f(B), K)$, 则 $\bar{x}$ 称为(MP) 的弱有效解, 即

$$(f(B) - f(\bar{x})) \cap (\mathrm{int}K) = \varnothing. \tag{2.2}$$

特别地, 取 $K = \mathbb{R}_+^l$, 若存在 $\bar{x} \in B$, 使得 $f(\bar{x}) \in E(f(B), K), f(\bar{x}) \in WE(f(B), K))$, 则称 $\bar{x}$ 为 (MP) 的 Pareto 有效解（Pareto 弱有效解）.

Pareto 有效解是 1951 年由 Koopmans[23] 提出的, 这种有效解的含义是, 若 $\bar{x} \in E(f(B), K)$, 则找不到这样的可行解 $x \in B$, 使得 $f(x)$ 的每一个目标值都不比 $f(\bar{x})$ 的相应目标值坏, 并且 $f(x)$ 至少有一个目标值比 $f(\bar{x})$ 的相应目标值好. 换句话说, 在 "$\leqslant$" 意义下, $\bar{x}$ 是最好的, 不能再改进了.

Pareto 弱有效解是 Arrow 等 [24] 于 1959 年提出的, 它的含义是, 若 $\bar{x} \in WE(f(B), K)$, 则找不到一个可行解 $x \in B$, 使得 $f(x)$ 的每个目标值都比 $f(\bar{x})$ 的相应目标值严格的好. 也就是说, 在 "$<$" 意义下, 再也找不到比 $\bar{x}$ 更好的可行解了.

2.3 锥均衡约束多目标规划简介

本节简要地介绍一下锥均衡约束多目标规划的研究背景及研究现状.

均衡约束的多目标规划问题（multiobjective optimization programs with equilibrium constraints, MOPEC）是指约束中存在 $y \in \mathcal{S}(x)$ 型的"均衡约束"的多目标最优化问题[25], 它的一般形式为

$$\text{(MOPEC)} \quad \begin{aligned} &\min \ \phi(x, y) \\ &\text{s. t. } y \in \mathcal{S}(x), \\ &\quad (x, y) \in C, \end{aligned}$$

式中, $\phi: \mathbb{R}^n \times \mathbb{R}^m \to \mathbb{R}^l$ 是向量值函数; $\mathcal{S}: \mathbb{R}^m \rightrightarrows \mathbb{R}^m$ 是集值映射, 是一个"低层"参数最优化问题的解映射, 一般指不同类型的参数变分不等式、互补问题或广义方程的解映射; 集合 $C \subseteq \mathbb{R}^n \times \mathbb{R}^m$.

多目标优化是指某种意义下的多个数值目标的同时最优化问题, 即它的目标函数由一般序关系给出. 多目标优化最早可以追溯到经济学中 A. Smith 在 1776 年关于经济平衡的研究. F. Y. Edgeworth 在 1874 年对均衡竞争进行了研究. 1896 年, 法国经济学家 Pareto 首次在经济平衡中提出有限个评价指标的多目标优化问题 [26]. 现代多目标优化学科正式形成于 20 世纪 40 年代, Neumann 等在 1944 年从对策论的角度提出多个决策而彼此又相互矛盾的多目标决策问题[27], 1951 年, Koopmans 第一次给出了多目标优化问题的 Pareto 最优解[28] 的概念, 同年 Kuhn 等[29] 随后从数学规划的角度研究了 Pareto 最优解的最优性条件, 这一系列的研究结果都为多目标优化学科的建立奠定了重要的基础. 随着 Bracken 等在 1973 年提出双层规划（bilevel programming)[30, 31], Harker 等在 1988 年引入均衡约束数学规划[32], 随后 Mordukhovich、Ye 系统地研究了均衡约束的多目标优化[19, 20, 25].

在 MOPEC 中, 当所研究的问题中只含有一个目标函数时, MOPEC 退化为具有均衡约束的数学规划 （mathematical programs with equilibrium constraint, MPEC）[33-36]. 当多目标的最优化是基于某种偏好关系时, 即上层问题是涉及一些平衡标准时, MOPEC 退化为均衡约束的均衡问题（equilibrium problems with equilibrium constraint, EPEC）[37-40]. MOPEC 主要广泛地应用在经济领域中, 比如福利经济学[41, 42]、无调控电子市场的竞争均衡[43]、Stackelberg 博弈（Stackelberg games)[44, 45]、寡头垄断市场（oligopolistic markets)、网络供应链（supply chain network)[46, 47]、重组电力市场（restructured electricity markets)[48, 49]、交通规划和管理问题（transportation planning and management problems)[50]、运输网络设计问题（transportation network design problem)[51]、能源市场（power market)[52]、能源和

气候市场政策（energy and climate market policy）[53] 等. MOPEC 在工程方面的应用主要有摩擦力的结构设计（design of structures involving friction）[54]、弹塑性问题（problems in elastoplasticity）[55]、脆性断裂识别（brittle fracture identification）[56]、过程系统工程（process engineering models）[34, 57]、半导体设计中的元件平面布置（floor planning in design of semi-conductors）[58] 等.

考虑一类典型的 MOPEC, 即均衡约束是依赖于参数的广义方程, 它的形式如下:

$$
\begin{aligned}
&\min \ \phi(x,y) \\
&\text{s. t. } 0 \in G(x,y) + Q(x,y), \\
&\qquad (x,y) \in C,
\end{aligned} \tag{2.3}
$$

式中, $\phi : \mathbb{R}^n \times \mathbb{R}^m \to \mathbb{R}^l$; $G : \mathbb{R}^n \times \mathbb{R}^m \to \mathbb{R}^m$ 为二次连续可微映射; $Q : \mathbb{R}^n \times \mathbb{R}^m \rightrightarrows \mathbb{R}^m$ 为集值映射, 即均衡映射 $\mathcal{S}$ 为广义方程的解映射. 这一问题最直观的应用来源于双层规划, 如果下层问题是一个约束优化问题, 则在一定条件下该下层问题可以由其卡罗需-库恩-塔克（Karush-Kuhn-Tucker,KKT）系统来表示. 考虑问题 (2.3) 中更为具体的均衡约束, 其中集值映射 $Q(x,y) = \mathcal{N}_{\Omega(x)}(y)$, $\mathcal{N}_{\Omega(x)}(y)$ 为集合 $\Omega(x)$ 在点 $y \in \Omega(x)$ 处的极限法锥, 则问题 (2.3) 中的广义方程变为变分不等式:

$$
存在 \ y \in \Omega(x) \ 使得 \ \langle G(x,y), u - y \rangle \geqslant 0, \forall u \in \Omega(x), \tag{2.4}
$$

即 $\mathcal{S}$ 为变分不等式的解映射. 当 $\Omega = \mathbb{R}^m_+$, 则均衡约束变为经典的互补约束. 问题 (2.3) 中的均衡约束包括经典变分不等式、互补问题和半变分不等式以及它们的进一步推广.

如果 MOPEC 中的均衡约束含有闭凸锥定义的变分不等式或者广义方程, 称这样的问题为锥均衡约束的多目标优化问题. 例如在式 (2.4) 中, 集合 Ω 由约束的闭凸锥构成时, 即

$$
\Omega(x) = \{ y \in \mathbb{R}^m \mid q(x,y) \in \mathcal{K} \},
$$

式中, $q : \mathbb{R}^n \times \mathbb{R}^m \to \mathbb{R}^m$ 是二次连续可微映射; $\mathcal{K}$ 为 $\mathbb{R}^m$ 上的闭凸锥, 比如多面体锥、二阶锥、半定矩阵锥. 这便衍生了各种锥均衡约束的多目标优化问题.

对于 MOPEC, 许多学者从理论方面对这一问题进行了研究. 由于 MOPEC 的约束集合具有特殊的结构, 它的可行域可能是非凸的或者是非连通的. 更为重要的是, 一些标准的约束规范, 比如马加利-弗洛莫维茨（Mangasarian-Fromovitz, M-F）约束规范及线性无关约束规范等, 在可行点处都是不成立的, 则利用非线性规划的理论对这类问题进行研究是不可行的. 因此, 需要借助新的工具来研究这一问题.

在 MOPEC 中, 对均衡约束的研究主要是针对各类不同的均衡约束的研究. 在有穷维空间中, Mordukhovich 对具有参数变分系统控制的 EPEC 进行了研究, 在文献 [37] 中, 他不仅讨论了带有复合势函数的参数半变分不等式控制（$Q(y) = \partial(\psi \circ g)(y)$）的均衡约束, 还研究了具有复合域的广义变分不等式控制（$Q(y) = (\partial \psi \circ g)(y)$）的均衡约束. 借助于多目标优化, 分别建立了 EPEC 的广义序最优性以及闭序最优性. 进一步地, 在有穷维和无穷维空间中, 在 Fredholm 约束规范之下, 利用变分分析及广义微分理论, Mordukhovich 建立了广义序下 MOPEC 的必要性条件[19]. Ye 等在有穷维 Banach 空间中考虑了变分不等式约束的多目标优化问题[20]:

$$
\begin{aligned}
& \min \ \phi(x,y) \\
& \text{s. t. } f_i(x,y) \leqslant 0, \ i = 1, 2, \cdots, M, \\
& \quad f_i(x,y) = 0, \ i = M+1, M+2, \cdots, N, \\
& \quad (x,y) \in C, \\
& \quad y \in \Omega, \langle F(x,y), y-z \rangle \leqslant 0, \ \forall z \in \Omega,
\end{aligned}
\tag{2.5}
$$

式中, $\phi: X \times Y \to Z$; $f_i: X \times Y \to \bar{\mathbb{R}}, i = 1, 2, \cdots, N$; $F: X \times Y \to Y$; C 是 $X \times Y$ 中的非空闭集; Ω 是 Y 中的非空闭凸集. 在该问题中, 该上层最优性由某种 "正则" 序关系定义, Ye 等 [20] 建立了包括 Mordukhovich 伴同导数在内的 Fritz John 型最优性必要条件. 在约束规范之下, 包括平稳性条件、误差界约束规范、非零异常乘子约束规范、广义 M-F 约束规范、线性无关约束规范等, Kuhn-Tucker 型的最优性必要条件被给出. 在问题 (2.5) 中, 变分不等式约束中集合 Ω 是抽象集合. Mordukhovich 等在文献 [59] 中考虑了拟变分不等式:

$$
\langle g(x,y), v-y \rangle \geqslant 0, \text{ 对所有的 } v \in \Gamma(x,y),
$$

式中, $g: \mathbb{R}^n \times \mathbb{R}^m \to \mathbb{R}^m$ 是连续可微单值映射; $\Gamma: \mathbb{R}^n \times \mathbb{R}^m \rightrightarrows \mathbb{R}^m$ 是集值映射. 若 $\Gamma(x,y) = \Omega$, 则拟变分不等式退化为通常的变分不等式. 在文献 [59] 中, 集值映射 $\Gamma(x,y)$ 为

$$
\Gamma(x,y) = \{ z \in \mathbb{R}^m \mid q(x,y,z) \in \Theta \},
\tag{2.6}
$$

Mordukhovich 等建立了这种拟变分不等式的解映射的伴同导数, 进而得到了拟变分不等式的鲁棒 Lipschitz 稳定性的充分条件以及拟变分不等式约束的数学规划的最优性条件. 其他更多关于 MOPEC 的研究见文献 [60]∼[65].

具体到锥均衡约束优化问题, 近些年来, 许多学者都对不同的锥均衡约束优化问题进行了研究. 在建立锥均衡约束优化问题的最优性理论的过程中, 一个不可忽视的难点就是要计算变分不等式或广义方程的法锥映射的伴同导数. 由基本约束

规范和法锥的鲁棒特性, 式 (2.6) 在 z 处的法锥为

$$\mathcal{N}_{\Gamma(x,y)}(z) = (\nabla_z q(x,y,z))^{\mathrm{T}} \mathcal{N}_{\Theta}(q(x,y,z)), \tag{2.7}$$

在文献 [59] 中, Mordukhovich 等对一般形式的闭凸锥约束 (2.6), 在集值映射平稳性的假设下, 给出了特定的复合法锥映射 (2.7) 的伴同导数分析, 进而得到了拟变分不等式的解映射的伴同导数. 文献 [59] 所建立的拟变分不等式的伴同导数分析为研究各种锥均衡约束问题提供了重要的理论依据. 目前所说的均衡约束中的锥主要集中于非负（正）卦限锥、二阶锥、半定矩阵锥等闭凸锥. 在线性无关约束和 M-F 约束规范两种情形下, 当集值映射的平稳性条件成立时, Henrion 等刻画了不等式系统的广义方程的法锥映射的伴同导数[66]. 进一步地, 在 M-F 约束规范和常数秩约束条件之下, Henrion 等在文献 [67] 中计算了不等式约束的广义方程的解映射的（Fréchet）伴同导数. 对于非正（负）卦限锥约束问题的研究还可以参见文献 [68]、[69]. 对广义方程约束的数学规划:

$$\min \ \varphi(x,y)$$
$$\text{s. t. } 0 \in g(x,y) + \mathcal{N}_{\Gamma(x,y)}(y),$$

式中, $\varphi : \mathbb{R}^n \times \mathbb{R}^m \to \mathbb{R}$; $g : \mathbb{R}^n \times \mathbb{R}^m \to \mathbb{R}^m$ 是二次连续可微映射; 映射 $\Gamma(x,y)$ 如式 (2.6) 所示. 对 $\Theta = \mathbb{R}^s_-$ 和 $\Theta = Q, Q$ 是二阶锥, Wu 等在文献 [70] 和 [71] 中对这两个问题建立了一阶必要条件及二阶充分条件. 由于二阶锥的复杂结构, 目前对二阶锥 MPEC 的研究大多数都是二阶锥互补约束优化问题, 文献 [72]~[76] 都对这些问题进行了研究. 在文献 [77] 中, Outrata 等利用投影映射的方向导数, 建立了二阶锥上的投影映射的正则及极限伴同导数, 进而得到了二阶锥互补约束的数学规划的最优性条件. 目前这些锥均衡约束优化的研究都是单目标优化问题, 对锥均衡约束的多目标优化的研究还很少, 这主要是因为该问题的结构都比较复杂.

均衡约束的多目标优化的一个直接应用就是随机 MOPEC, 这一问题主要出现在决策分析和工程中, 在实际问题中, 决策者希望同时优化多个目标, 但在决策的瞬间, 一些参数的值是未知的, 如果把这些未知的参数视作随机变量, 这便是随机多目标优化. 若不确定因素出现在均衡约束中, 则称这类问题为随机 MOPEC. 近些年来, 对随机均衡约束的数学规划（stochastic multiobjective optimization programs with equilibrium constraints, SMOPEC）的研究已经取得了很多的成果. 对于

$$\min \ \mathbb{E}[f(x,y,\xi(\Omega))]$$
$$\text{s. t. } (x,y) \in C,$$
$$0 \in \mathbb{E}[F(x,y,\xi(\Omega))] + \mathcal{N}_Y(y),$$

在文献 [78] 中, Xu 等利用样本均值近似（sample average approximation, SAA）方法对上述问题进行了近似, 利用集值映射的图收敛, 建立了 SAA 问题的稳定点的渐近

收敛性. 利用 SAA 方法研究 SMOPEC 的还有文献 [79]~[81]. 对于随机 MOPEC, 很多实际问题都可以用这种模型来表示 [82-85], 最常见的模型有随机双层多目标规划（stochastic multi-objective bi-level programming, SMOBLP）及互补约束的多目标规划.

在文献 [51] 中, Chen 等针对运输网络设计问题（transportation network design problem, TNDP）中的不确定需求, 建立了随机双层多目标规划:

$$\min_u \ F(u, v(u, Q))$$
$$\text{s. t. } H(u, v(u, Q)) \leqslant 0,$$

式中, $v(u, Q)$ 是下列问题

$$\min_v \ f(u, v(u, Q))$$
$$\text{s. t. } h(u, v(u, Q)) \leqslant 0$$

的解. 其中, u 为上层问题的计划向量（design vector）; v 是下层问题的决策变量（decision variable）; Q 是随机需求向量（random demand vector）. Chen 等利用 SMOBLP 建立了三种随机多目标 TNDP 模型, 并且用数值实例阐述了三种模型的意义. Lin 等在文献 [86] 中建立了互补约束的随机多目标规划的一阶最优性条件, 并且将其应用到医疗管理系统中. 更多关于随机 MOPEC 的研究还有文献 [87]~[91].

由于问题的复杂性, 均衡约束多目标优化问题的数值方法非常少见, 即使是该优化的一个可行点的计算也是非常不容易的. 因此设计求解均衡问题, 特别是非光滑均衡问题的数值方法也是一个重要的研究方向. 非光滑均衡问题（equilibrium problem, EP）[92] 的模型为

(EP)　　存在 $x^* \in C$ 使得 $f(x^*, y) \geqslant 0$, 对所有的 $y \in C$,

式中, C 是 $\mathbb{R}^n$ 空间中的非空凸紧集; 函数 $f : C \times C \to \mathbb{R}$ 是连续可微的, 且 $f(x, x) = 0$. 对所有的 $x \in C$, $f(x, \cdot)$ 是凸的. 目前对均衡问题的算法有许多种, 其中常用的算法有迭代算法（iterative algorithm）[93]、迫近点方法（proximal point method）[94]、混合近似方法（hybrid proximal method）[95]、类迫近算法（proximal-like algorithm）[96]、非精确次梯度算法（inexact subgradient algorithm）[97]. 但是这些都只是从理论上给出了算法的框架, 没有从数值的角度给出可执行的算法. 由于许多均衡问题都是非光滑的, 因此增加了问题的求解难度. 而束方法对非光滑优化问题具有良好的数值效果, 这方面已经有很多的研究成果, 参见文献 [98]~[101]. 在文献 [102] 中, Nguyen 等将均衡问题转化为优化问题, 然后利用束方法求解该问题, 并且证明了算法的收敛性. 而在实际问题中, 许多问题的目标函数都是非精确

的 [103-105], 因此均衡问题中的非精确性是亟待研究的课题. 对上述 (EP) 中的均衡函数, 我们研究如下形式的非精确数据 (inexact oracle): 对给定 $y_k \in C$ 和 $\varepsilon \geqslant 0$, 存在 $\tilde{f}_k$ 和 s_k 使得

$$f_k(y_k) \geqslant \tilde{f}_k \geqslant f_k(y_k) - \varepsilon, \quad f_k(\zeta) \geqslant \tilde{f}_k + \langle s_k, \zeta - y_k \rangle, \forall \zeta \in C,$$

式中, $f_k(\cdot)$ 是 $f(x^k, \cdot)$ 的缩写. 易知, $s_k \in \partial_\varepsilon f_k(y_k)$. 基于上述形式的非精确数据的束方法推广了已存在的其他束方法, 比如, 迫近束方法[101, 106, 107]、增量束方法[108, 109]、部分非精确束方法[99]. 近些年来, 束方法被广泛应用于各种均衡问题, 见文献 [110]~[112]. 在束方法中, 在非精确数据的近似误差主要有三种: 第一种是精确的, 即 $\varepsilon = 0$, 则 $\tilde{f}_k = f_k, s_k \in \partial f_k$, 见文献 [109]、[113]; 第二种是渐近精确的, 即 $\varepsilon \to 0$, 在这种情况下, 我们可以通过控制数据的误差界使得在迭代过程中误差趋于零[107]; 第三种是有界的且极限不必趋于零, 即 $0 \leqslant \varepsilon \leqslant \bar{\varepsilon}$, 在这种情况下, 我们可以根据具体的问题给出具体的误差界[98, 114, 115]. 对于均衡函数的非精确数据, 可以只要求它的误差是有界的且极限不必趋于零, 通过构造非精确割平面模型, 建立求解均衡问题的近似束方法, 进而证明算法产生的序列收敛到问题的近似解.

第3章　广义函数多目标规划的最优性条件

关于不可微优化问题, 20 世纪 60 年代主要针对 Moreau 和 Rockefeller 的次微分意义下的凸规划 (包括各种广义凸规划) 进行研究, 直到目前, 这种研究仍占重要位置. 20 世纪 70 年代中后期, 由于 Aubin 的相依导数、Ioffe 的近似次微分, 特别是 Clarke 的广义梯度相继问世, 并逐渐形成一个新的数学分支 —— 非光滑分析或者集值分析, 人们开始了 Clarke 广义梯度意义下的 Lipschitz 规划 (包括推广了的各种 L 规划) 的研究, 但结果远不如凸规划的成果丰硕. 不可微优化发展到现在, 如何再向前推进一步是人们普遍关心的问题. 20 世纪 80 年代中期, 李邦河等借助于刘尚平[116] 的 $D'(\mathbb{R}^n)$ 作为调和函数的边界值, 系统地研究了广义函数的调和表示[117], 进而采用非标准分析方法[118], 成功地建立了一维广义函数[119] 的集值导数[120]. 后来, 董加礼将李邦河等的工作推广到 n 维的情形[121]. 李邦河等的工作不仅推广和丰富了非光滑分析的内容, 而且建立了广义函数不可微优化问题奠定了基础.

本章借助广义函数的调和表示, 采用非标准分析方法, 给出广义函数逐点赋值, 建立了广义函数多目标规划模型, 界定了有效解和弱有效解概念, 在广义函数集值导数映射下, 给出核心定理 —— 广义函数多目标规划的弱有效解的充分条件和必要条件, 进一步给出了广义函数多目标规划的对偶定理, 包括弱对偶定理、直接对偶定理和逆对偶定理.

3.1　预 备 知 识

用 $\mathbb{R}^n$ 表示 n 维欧式空间, $x = (x_1, x_2, \cdots, x_n) \in \mathbb{R}^n$ 的模记作 $\|x\| = \left(\sum_{i=1}^{n} x_i^2 \right)^{\frac{1}{2}}$, 记 $\mathbb{R}^1 = \mathbb{R}$, $\mathbb{R}$ 就是通常的实数域. 我们用 $\bar{\mathbb{R}}$ 表示 $\mathbb{R}$ 的非标准实数域. $\bar{\mathbb{R}}$ 中的元素或是标准实数 (即通常的实数), 或是无穷小和无穷大这类非标准实数. 一个标准实体 A 的非标准扩张记作 A^*. 类似地, 用 $\bar{\mathbb{R}}^n$ 表示 $\mathbb{R}^n$ 的非标准扩张, 即 $x^* = (x_1^*, x_2^*, \cdots, x_n^*) \in \bar{\mathbb{R}}^n$, 意指 $x_i^* \in \bar{\mathbb{R}} (i = 1, 2, \cdots, n)$. 设 $x \in \bar{\mathbb{R}}^n$, 称集合

$$u(x) = \{y \in \bar{\mathbb{R}}^n | y \simeq x\} = \{y \in \bar{\mathbb{R}}^n | y - x \text{为无穷小}\}$$

为 x 单子, 并记

$$u_+(x) = \{y \in u(x) | y > x\}.$$

在 $\mathbb{R}^n$ 和 $\bar{\mathbb{R}}^n$ 上的运算标准部分用 "$\circ$" 表示, 定义 $\bar{\mathbb{R}}^n$ 中子集 A 的标准部分为 $A^\circ = \{a^\circ | a \in A\}^{[122]}$. 设 $\varphi : \mathbb{R}^n \to \mathbb{R}$, 则称 $S_\varphi = \{\bar{x} \in \bar{\mathbb{R}} | \varphi(x) \neq 0\}$ 为 φ 的支集. 设 $p = (p_1, p_2, \cdots, p_n)(p_i \geqslant 0$ 为整数), 记 $N(p) = p_1 + p_2 + \cdots + p_n$, 微分算子 $\dfrac{\partial N(p)}{\partial x_1^{p_1} \cdots x_n^{p_n}}$ 为 D^p, 当 $p_i = 0$ 时, 表示对 x_i 不求导数; 记 $0 = (0, 0, \cdots, 0)$, $D^\circ \varphi$ 表示 φ 本身. 用 $C_0^\infty(\mathbb{R}^n)$ 表示在 $\mathbb{R}^n$ 中具有紧支集的无穷次可微函数的全体. 若 $\{\varphi_m\} \subset C_0^\infty(\mathbb{R}^n)$ 的支集 S_{φ_m} 一致有界, 且各阶导数 $\{D^p \varphi_m\}$ 在 $\mathbb{R}^n$ 上一致收敛于 $D^p \varphi$, 则说 φ_m 收敛于 φ. 在通常的线性运算及上述极限运算下, $C_0^\infty(\mathbb{R}^n)$ 称为基本函数空间, 记作 $D(\mathbb{R}^n)$. $D(\mathbb{R}^n)$ 上的连续线性泛函的全体记作 $D'(\mathbb{R}^n)$. 设 $\{F_m\} \subset D'(\mathbb{R}^n)$, $F \in D'(\mathbb{R}^n)$, 如果对一切 $\varphi \in D(\mathbb{R}^n)$, 有 $\lim\limits_{m \to \infty} \langle F_m, \varphi \rangle = \langle F, \varphi \rangle$, 则说 $\{F_m\}$ 在 $D'(\mathbb{R}^n)$ 中收敛于 F. $D'(\mathbb{R}^n)$ 在通常的线性运算及上述极限运算下称为 D' 广义函数空间, 其元素称为 D' 广义函数, 简称广义函数. 广义函数具有任意阶导数 (整体意义下), 称为广义导数, 由下述公式给出:

$$(D^p F, \varphi) = (-1)^{N(p)}(F, D^p \varphi), F \in D', \varphi \in D.$$

设 $T \in D'(\mathbb{R}^n)$, $u(x, y)$ 在 $H_{n+1} = \{(x, y) | x \in \mathbb{R}^n, y > 0\}$ 上调和. 如果对任意 $\varphi \in D(\mathbb{R}^n)$, 有

$$\lim_{y \to 0^+} \int_{\mathbb{R}^n} u(x, y) \varphi(x) \mathrm{d}x = \langle T, \varphi \rangle,$$

则说 $u(x, y)$ 是 T 的调和表示, 其全体记作 $\mathrm{HR}(T)$, 有时也记作

$$\lim_{y \to 0^+} u(x, y) = T(x)(D' \varphi),$$

并称为广义极限. 任何 D' 广义函数都存在调和表示[116], 而且若 $f \in L^p(\mathbb{R}^n)(1 \leqslant n < +\infty)$, 则 f 的 Poisson 积分

$$u(x, y) = \int_{\mathbb{R}^n} f(t) P_y(x - t) \mathrm{d}t$$

必是 f 的调和表示, 其中 $P_y(t) = \dfrac{C_n y}{(t^2 + y^2)^{\frac{n+1}{2}}}$, $C_n = \dfrac{1}{W_n}$, W_n 为 $\mathbb{R}^{n+1}$ 中单位球面的面积, 而且 $\lim\limits_{y \to 0^+} u(x, y) = f(x)$ 在 $\mathbb{R}^n$ 上几乎处处成立[123]. 由于调和函数无限次可微, 而且微分后仍调和, 由此易知

$$\lim_{y \to 0^+} D_x^p u(x, y) = D^p T(x)(D' \varphi).$$

此外, 对任意 $u, v \in \mathrm{HR}(T)$, 有

$$D_x^p u(x, y) \simeq D_x^p v(x, y).$$

设 $T \in D'(\mathbb{R}^n), x_0 \in \mathbb{R}^n, u \in \mathrm{HR}(T)$, 记 $u^{(1)}(x,y) = \left(\dfrac{\partial e_1}{\partial x_1} + \dfrac{\partial e_2}{\partial x^2} + \cdots + \dfrac{\partial e_n}{\partial x_n} \right)$ $u(x,y)$, 其中 $e_i = (0, \cdots, 0, i, 0, \cdots, 0)(i = 1, 2, \cdots, n)$ 为标准单位向量. 我们称集合

$$\partial T(x_0) = \mathrm{co}\{[u^{(1)*}]^\circ | x \in u(x_0), y \in u_+(0)\}$$

为广义函数 T 在 x_0 点的一阶集值导数. 对于 Lipschitz 实值函数, 这里定义的集值导数与 Clarke 的广义梯度是相等的. $\partial T(x)$ 具有和 Clarke 广义梯度相类似的一系列微分性质. 设 $T_i \in D'(\mathbb{R}^n)(i = 1, 2, \cdots, m)$, $T = (T_1, T_2, \cdots, T_m)$ 为向量值广义函数, $u_i \in \mathrm{HR}(T_i)$, 用 $\mathcal{J}u$ 表示 $u = (u_1, u_2, \cdots, u_m)$ 的 Jacobian 矩阵, 即

$$\mathcal{J}u(x,y) = \frac{\partial(u_1, u_2, \cdots, u_m)}{\partial(x_1, x_2, \cdots, x_n)}(x,y) = \begin{pmatrix} \dfrac{\partial u_1}{\partial x_1} & \cdots & \dfrac{\partial u_1}{\partial x_n} \\ \vdots & & \vdots \\ \dfrac{\partial u_m}{\partial x_1} & \cdots & \dfrac{\partial u_m}{\partial x_n} \end{pmatrix}_{m \times n} (x,y).$$

我们规定 T 在 $x_0 \in \mathbb{R}^n$ 处的集值导数为

$$\partial T(x_0) = \mathrm{co}\{[\mathcal{J}u^*(x,y)]^\circ | x \in u(x_0), y \in u_+(0)\}.$$

如果置 $A = \{(a_{ij})_{m \times n}\}$ 是所有 $m \times n$ 矩阵 $(a_{ij})_{m \times n}$ 组成的集合, 并令

$$(a_{ij})_{m \times n} \leftrightarrow (a_{11}, a_{12}, \cdots, a_{1n}, \cdots, a_{m1}, a_{m2}, \cdots, a_{mn}),$$

则 A 与 $\mathbb{R}^{m \times n}$ 在通常的线性运算及模 $\|\cdot\|$ 下是保范同构的, 且保内积运算, 在这个意义下, $\partial T(x_0)$ 是 $\mathbb{R}^{m \times n}$ 中的闭凸集.

3.2　广义函数多目标规划模型

本节主要给出广义函数多目标规划模型.

定义 3.1　设 $T \in D'(\mathbb{R}^n), u \in \mathrm{HR}(T)$, 则称集合

$$T(x) = \mathrm{co}\{[u^*(x,y)]^\circ | y \in u_+(0)\}$$

为广义函数 T 在 $x \in \mathbb{R}^n$ 点的值.

由于任何广义函数都存在调和表示, 而且对任意 $u, v \in \mathrm{HR}(T)$, 有 $[u^*(x,y)]^\circ = [v^*(x,y)]^\circ (y \in u_+(0))$, 因此定义 3.1 与 u 的取值方法无关. 值得注意的是, $[u^*(x,y)]^\circ$

$(y \in u_+(0))$ 总存在, 只是不见得取有限值. 当 $f \in L^p(\mathbb{R}^n)(1 \leqslant p < +\infty)$ 为正则广义函数时, 其 Poisson 积分 $u(x,y)$ 就是 f 的调和表示, 而且几乎对所有的 $x \in \mathbb{R}^n$, 有

$$\lim_{y \to 0^+} u(x,y) = f(x).$$

假设等式不成立的点集为 B, 则 B 的测度为 0. 我们规定: 在 B 上, $\lim\limits_{y \to 0^+} u(x,y)$ 的值就等于 $f(x)$ 本身的值, 于是对任何 $x \in \mathbb{R}^n$, 均有

$$\lim_{y \to 0^+} u(x,y) = f(x), \text{即 } f(x) = [u^*(x,y)]^\circ (y \in u_+(0)).$$

这说明对正则广义函数 $f(x)$ 来说, 定义 3.1 确是正则广义函数在一点的值的推广.

定义 3.2　设 $T_i \in D'(\mathbb{R}^n)(i = 1,2,\cdots,m), x \in \mathbb{R}^n$, 我们规定向量值广义函数 $T = (T_1, T_2, \cdots, T_m)$ 在 x 处的值为

$$T(x) = \text{co}\{(\alpha_1, \alpha_2, \cdots, \alpha_m) \in \bar{\mathbb{R}}^m | \forall \alpha \in T_i(x), i = 1,2,\cdots,m\},$$

式中, $T_i(x) = \text{co}\{[u^*(x,y)]^\circ | y \in u_+(0)\}, u_i \in \text{HR}(T_i)(i = 1,2,\cdots,m)$.

显然 T 是 $\mathbb{R}^n$ 到 $\bar{\mathbb{R}}^m$ 的集值映射.

如不特殊声明, 以下总假定: $\hat{K}, K, Q, T, L$ 分别为 $\mathbb{R}^n, \mathbb{R}^m, \mathbb{R}^p, \mathbb{R}^{m \times n}, \mathbb{R}^{p \times n}$ 的闭凸序锥; 广义函数及其集值导数在一点的值均为有限值. 设 $F = (f_1, f_2, \cdots, f_m)$, $G = (g_1, g_2, \cdots, g_p)(f_i, g_j \in D'(\mathbb{R}^n))$ $(i = 1,2,\cdots,m; j = 1,2,\cdots,p)$ 为向量值广义函数, $S \subset \mathbb{R}^n$ 为开凸集, $F : S \rightrightarrows \mathbb{R}^m, G : S \rightrightarrows \mathbb{R}^p$ 为上一段赋值意义下的集值映射. 我们考虑这种集值映射的极小化问题:

$$\text{(VP)} \quad \begin{aligned} \min \ & F(x) = \text{co}\{(\alpha_1, \alpha_2, \cdots, \alpha_m) \in \mathbb{R}^m | \alpha_i \in f_i(x), i = 1,2,\cdots,m\} \\ \text{s. t. } & G(x) \cap (-Q) \neq \varnothing, \\ & x \in S, \end{aligned}$$

$G(x) = \text{co}\{(\beta_1, \beta_2, \cdots, \beta_m) \in \mathbb{R}^m | \beta_i \in f_i(x), i = 1,2,\cdots,p\}$, 并称 (VP) 为广义函数多目标规划. 记 (VP) 的可行集为 $M = \{x \in S | G(x) \cap (-Q) \neq \varnothing\}$.

定义 3.3　称 $\bar{a} \in \bigcup\limits_{x \in M} F(x) \subset \mathbb{R}^m$ 为 $\bigcup\limits_{x \in M} F(x)$ 的有效点 (弱有效点), 如果不存在 $a \in \bigcup\limits_{x \in M}$, 使

$$\bar{a} - a \in K \setminus \{0\}(\bar{a} - a \in \text{int}K).$$

有效点和弱有效点的全体分别记作 E_{pa} 及 E_{wp}.

称 $\bar{x} \in M$ 为 (VP) 的有效解 (弱有效解), 如果

$$F(\bar{x}) \cap E_{pa} \neq \varnothing(F(\bar{x}) \cap E_{wp} \neq \varnothing).$$

定义 3.4 称集值映射 $F : S \rightrightarrows \mathbb{R}^m$ 是 K-凸的, 如果对任意 $x^1, x^2 \in S$ 及 $\alpha \in (0,1)$, 有

$$\alpha F(x^1) + (1-\alpha)F(x^2) \subset F(\alpha x^1 + (1-\alpha)x^2) + K,$$

当 $K = \{0\}$ 时, 称 F 是仿射的.

定义 3.5 称 F 在 S 上是单减的 (严格单减的), 如果对任意 $x^1, x^2 \in S, x^1 <_{\hat{K}} x^2$, 存在 $a \in F(x^2)$, 使得对任意 $b \in F(x^1)$, 有

$$\partial F(x) \subset -T \text{ 蕴含 } a \in b - K, \forall x \in S,$$

$$\partial F(x) \subset -\mathrm{int}\mathrm{T} \text{ 蕴含 } a \in b - \mathrm{int}K, \forall x \in S.$$

定义 3.6 如果存在 $A \in R^{m \times n}$, 使对任意 $a \in \partial F(x)$ 有 $a \leqslant_T A$, 则称 A 为 $\partial F(x)$ 的上界. $\partial F(x)$ 的最小上界称为 $\partial F(x)$ 的上确界.

定义 3.7 称 $G(x)$ 在 $\bar{x} \in S$ 的单子 $u(\bar{x})$ 是伪增的, 如果 $G(x)$ 在 S 上单减, 且零向量是 $\partial G(x)$ 的上确界.

由定义 3.7 知命题 3.1 成立.

命题 3.1 $G(x)$ 在 $\bar{x} \in S$ 的单子 $u(\bar{x})$ 内伪增, 当且仅当 $G(x)$ 在 S 上单减, 且满足条件:

$$0 \in G(x) \text{ 蕴含 } \partial G(x) \subset -L, \forall x \in u(\bar{x}).$$

命题 3.2 $\bar{x} \in S$ 的单子 $u(\bar{x})$ 是凸集.

证明 对任意 $x^1, x^2 \in u(\bar{x})$ 及 $\alpha \in (0,1)$, 由于 $x^1 \simeq \bar{x}, x^2 \simeq \bar{x}$, 故 $\alpha x^1 \simeq \alpha \bar{x}$, $(1-\alpha)x^2 \simeq (1-\alpha)\bar{x}$. 从而 $\alpha x^1 + (1-\alpha)x^2 \simeq \alpha \bar{x} + (1-\alpha)\bar{x} = x$, 于是 $\alpha x^1 + (1-\alpha)x^2 \in u(\bar{x})$, 即 $u(\bar{x})$ 为凸集.

定义 3.8 设 $C \subset \mathbb{R}^n$ 为凸集, 如果存在某个包含 C 的闭半空间 H, 且 H 的边界上含有 C 的点, 则称 H 为 C 的支撑空间.

命题 3.3 $\mathbb{R}^{m \times n}$ 中的任何闭凸集 M 必是包含 M 的所有闭半空间的交. 从而 M 必是包含它的所有支撑半空间的交.

证明 当 $M = \varnothing$ 或 $M = \mathbb{R}^{m \times n}$ 时, 命题显然成立. 下设 $M \neq \varnothing$ 且 $M \neq \mathbb{R}^{m \times n}$. 对任意 $a \in \mathbb{R}^{m \times n}$, 但 $a \in M$, 则由凸集分离定理知, 必存在超平面 H: $\langle x, b \rangle = \beta$, 强分离 $\{a\}$ 与 M. 于是, 若 $M \subset H_- = \{x | \langle x, b \rangle \leqslant \beta\}$ (或 $M \subset H_+ = \{x | \langle x, b \rangle \geqslant \beta\}$), 则 $a \notin H_-$ (或 $a \notin H_+$). 再由 $a \notin M$ 的任意性知, M 是包含它的所有闭半空间的交.

定义 3.9 设 $f \in D'(\mathbb{R}^n)$ 为广义函数.

(1) 称 f 在 $\bar{x} \in S$ 处是伪尖的, 如果

$$\partial f(x) \subset \hat{K} \text{ 蕴含 } f(x) \subset f(\bar{x}) + \mathbb{R}_+, \forall x \in S;$$

(2) 称 f 在 $\bar{x} \in S$ 处是拟尖的, 如果

$$\partial f(x) \subset f(\bar{x}) - \mathbb{R}_+ \text{ 蕴含 } \partial f(x) \subset -\hat{K}, \forall x \in S.$$

如果将定义中的 f 换成向量广义函数 F, 并相应地将 $\hat{K}$ 换成 T, $\mathbb{R}_+$ 换成 K, 则称向量广义函数 F 在 $\bar{x} \in S$ 处是伪尖的和拟尖的.

定义 3.10　设函数 $W : \mathbb{R}^n \to \mathbb{R}, Y \subset \mathbb{R}^n$ 为凸锥, $A \subset \mathbb{R}_-$, 称 W 是 $\mathbb{R}^n$ 上的弱分离函数, 如果

$$\bar{Y} \subset \{y \in \mathbb{R}^n | W(y) \notin A\}.$$

对 $\forall \eta \in \mathbb{R}^n$, 置

$$Z(x) = -\partial(\eta^T F(x)) \times \partial G(x), \forall x \in \mathbb{R}^n,$$

则 $Z : \mathbb{R}^n \rightrightarrows \mathbb{R}^{(p+1) \times n}$.

引理 3.1 (择一性)　设 $\mathbb{R}^s(s = (p+1) \times n), Y, A, Z(x)$ 如定义 3.10 所示, W 为 $\mathbb{R}^n$ 上的任一弱分离函数, 则下面两个结论不能同时成立:

(1) 存在 $x \in \mathbb{R}^n$, 使 $Z(x) \subset \bar{Y} \neq \varnothing$;

(2) $W(Z(x)) \subset A, \forall x \in \mathbb{R}^n$.

3.3　广义函数多目标规划的充分条件

本节主要给出了广义函数多目标规划的充分条件.

定理 3.1　设 $S \subset \mathbb{R}^n$ 为开凸集, $\eta \in K^+ \backslash \{0\}$, $\eta^T F$ 在 $\bar{x} \in S$ 处伪尖, $\partial(\eta^T F(\bar{x})) \subset \hat{K} \cup (-\hat{K})$, $0 \in \partial G(\bar{x}), G(\bar{x}) \cap (-Q) \neq \varnothing$. 若存在 $\bar{\lambda} \in \hat{K}^+ \backslash \{0\}$, $\bar{\theta} \in \mathbb{R}^{p \times n}$, 使得 $\forall x \in u(\bar{x}), \forall x \in \partial(\eta^T F(\bar{x}))$ 及 $v \in \partial G(\bar{x})$, 有

$$\bar{\lambda}^T u + \bar{\theta}^T v \in \mathbb{R}_+, \tag{3.1}$$

则 $\bar{x}$ 是(VP)的局部弱有效解.

这里 $K^+ = \{y \in \mathbb{R}^m | y^T x \geqslant 0, \forall x \in K\}$ 为 K 的对偶锥.

证明　对给定的 $\lambda \in \hat{K}^+ \backslash \{0\}, \theta \in \mathbb{R}^{p \times n}$, 置

$$Z(x) = -(\eta^T F(x)) \times \partial G(x), \forall x \in \mathbb{R}^n,$$
$$W(u, v) = \lambda^T u - \theta^T v, \forall u \in (-\eta^T F(x)), \forall v \in \partial G(x),$$
$$A = \mathbb{R}_-.$$

于是, 式 (3.1) 可以等价地写成

$$W(Z(x)) \subset A, \forall x \in u(\bar{x}). \tag{3.2}$$

下证 W 为 $\mathbb{R}^s (s = (p+1) \times n)$ 上的弱分离函数.

事实上, 若令 $Y = \text{int}\hat{K} \times \{0\}$, 则 $\forall (u, v) \in \bar{Y}$, 有 $\bar{u} \in \hat{K}$, $\bar{v} = 0$, 且对 $\forall \lambda \in \hat{K} \setminus \{0\}$, 有 $\lambda^{\mathrm{T}}\bar{u} \geqslant 0$. 从而有 $W(\bar{u}, \bar{v}) = \lambda^{\mathrm{T}}\bar{u} - \bar{\theta}^{\mathrm{T}}\bar{v} = \lambda^{\mathrm{T}}\bar{u} \geqslant 0$, 于是 $W(\bar{u}, \bar{v}) \notin A$. 这说明对 $\forall (\bar{u}, \bar{v}) \in \bar{Y}$, 有 $W(\bar{u}, \bar{v}) \notin A$. 再由弱分离函数定义知, W 是 $\mathbb{R}^n$ 上的弱分离函数.

于是, 由式 (3.2) 及择一性引理知 $Z(\bar{x}) \cap \bar{Y} \neq \varnothing$ 不成立. 再由 $Z(x)$ 及 Y 的定义知, 上式相当于

$$-(\eta^{\mathrm{T}}F(\bar{x})) \cap \hat{K} \neq \varnothing, 0 \in \partial G(\bar{x})$$

不成立. 又由已知条件知, $0 \in \partial G(\bar{x})$, 故 $-(\eta^{\mathrm{T}}F(\bar{x})) \cap \hat{K} \neq \varnothing$ 不成立. 即对 $b \in \partial(\eta^{\mathrm{T}}F(\bar{x}))$, 必有 $b \notin -\hat{K}$. 再由 $\partial(\eta^{\mathrm{T}}F(\bar{x})) \subset \hat{K} \cup (-\hat{K})$ 知 $b \in \hat{K}$. 这说明 $\partial(\eta^{\mathrm{T}}F(\bar{x})) \subset \hat{K}$. 又因为 $\eta^{\mathrm{T}}F$ 在 $\bar{x}$ 处伪尖, 故 $\eta^{\mathrm{T}}F(x) \subset \eta^{\mathrm{T}}F(\bar{x}) + \mathbb{R}_+$. 所以对 $\forall a \in \eta^{\mathrm{T}}F(x)$, 必存在 $\bar{a} \in \eta^{\mathrm{T}}F(\bar{x})$, 使对 $\forall x \in S$, 有

$$a \in \bar{a} + \mathbb{R}_+, \quad \text{即} \quad \bar{a} \leqslant_{\mathbb{R}_+} a. \tag{3.3}$$

今设 $\bar{a} = \eta\bar{c}, \bar{c} \in F(\bar{x})$. 下证对 $\forall x \in S$, 不存在 $c \in F(x)$, 使

$$\bar{c} \in c + \text{int}K. \tag{3.4}$$

事实上, 若存在 $c \in F(x)$, 使 $\bar{c} \in c + \text{int}K$, 则

$$\bar{c} - c \in \text{int}K. \tag{3.5}$$

将 $\eta \in K^+ \setminus \{0\}$ 作用于式 (3.5), 则有

$$\eta^{\mathrm{T}}(\bar{c} - c) >_{\mathbb{R}_+} 0,$$

即 $\eta^{\mathrm{T}}c <_{R_+} \eta^{\mathrm{T}}\bar{c} = \bar{a}$, 这与式 (3.3) 矛盾.

由上述讨论可知, 不存在 $c \in \bigcup_{x \in M} F(x)$ 使式 (3.4) 成立. 而 $\bar{c} \in F(\bar{x}), G(\bar{x}) \cap (-Q) \neq \varnothing$, 故 $\bar{c} \in \bigcup_{x \in M} F(x)$. 再注意上述讨论是在 x 的单子内进行, 因此 $\bar{c}$ 为 $\bigcup_{x \in M} F(x)$ 的局部弱有效解. 最后, 由 $\bar{c} \in F(\bar{x})$ 且 $\bar{c} \in E_{wp}, \bar{x} \in M$, 即 $F(\bar{x}) \cap E_{wp}$, 从而 $\bar{x}$ 为 (VP) 的局部弱有效解.

类似地, 可以证明下面定理.

定理 3.2 设 $S \subset \mathbb{R}^n$ 为开凸集, $\eta^{\mathrm{T}}F$ 在 $\bar{x} \in S$ 处是伪尖的向量广义函数, $\partial(\eta^{\mathrm{T}}F(\bar{x})) \subset T \cup (-T), 0 \in \partial G(\bar{x}), G(\bar{x}) \cap (-Q) \neq \varnothing$. 若存在 $\bar{\lambda} \in T^+ \setminus \{0\}, \bar{\theta} \in \mathbb{R}^{p \times n}$, 使得 $\forall x \in u(\bar{x}), \forall u \in \partial F(x)$ 及 $v \in \partial G(x)$, 有

$$\bar{\lambda}^{\mathrm{T}}u + \bar{\theta}^{\mathrm{T}}v \in \mathbb{R}_+,$$

则 $\bar{x}$ 是 (VP) 的局部弱有效解.

下面讨论一种特殊的 (VP).

设 $f_i \in D'(\mathbb{R}^n)(i = 1, 2, \cdots, m)$, 取定 $\bar{z}_i \in u(x), \bar{y}_i \in u_+(0)$, 则

$$\bar{f}_i(x) = \text{co}\{[u(\bar{z}_i, \bar{y})_i]^\circ | \bar{z}_i \in u(x), \bar{y}_i \in u_+(0)\}$$

均为单值. 实际上, $\bar{f}(x)$ 是集合 $f_i(x)$ 中的一个元素. 从而 $F = (f_1, f_2, \cdots, f_m)$ 在 x 处的值

$$\bar{F}(x) = \text{co}\{(a_1, a_2, \cdots, a_m)^T \in \mathbb{R}^m | a_i \in \bar{f}_i(x), i = 1, 2, \cdots, m\}$$

也为单值. 对 $\bar{G}(x)$ 也做类似处理, 并且 $\partial F(x)$ 及 $\partial \bar{G}(x)$ 也做相应理解.

在上述假设下, 并将 $\bar{F}(x), \bar{G}(x)$ 仍记作 $F(x), G(x)$, 同时将锥序换成坐标序, 考虑下述特殊的广义函数多目标规划问题:

$$(\overline{\text{VP}}) \qquad \begin{cases} \min_{x \in M} F(x) \\ M = \{x \in S | G(x) \leqslant 0\}. \end{cases}$$

并置 $I = \{j | g_j(\bar{x}) = 0, \bar{x} \in M, j = 1, 2, \cdots, p\}$.

定理 3.3　设 $\bar{x} \in M$, 若存在 $\eta \in \mathbb{R}_+^m$ 且 $\eta \neq 0, \xi \in \mathbb{R}_+^I$ 使 $\eta^T F + \xi^T G_I$ 在 $\bar{x}$ 处伪尖, $\partial(\eta^T F + \xi^T G_I)(\bar{x}) \subset \mathbb{R}_+^n$, 则 $\bar{x}$ 是 $(\overline{\text{VP}})$ 的弱有效解.

证明　假若不然, 则存在 $x' \in M$, 使 $F(x') < F(\bar{x})$. 注意 $G_I(x') \leqslant 0 = G_I(x)$, 而 $\eta \neq 0, \xi \geqslant 0$, 故有

$$\eta^T F(x') + \xi^T G_I(x') < \eta^T F(\bar{x}) + \xi^T G_I(\bar{x}).$$

再由 $\eta^T F + \xi^T G_I$ 在 $\bar{x}$ 处的伪尖性知, 必有

$$\partial(\eta^T F + \xi^T G_I)(\bar{x}) \nsubseteq \mathbb{R}_+^n.$$

这与假设条件矛盾, 从而定理得证.

定理 3.4　设 $\bar{x} \in M$, 若存在 $\eta \in \mathbb{R}_+^m$ 且 $\eta \neq 0, \xi \in \mathbb{R}_+^I$, 使

$$\partial(\eta^T F)(\bar{x}) + \partial(\xi^T G_I)(\bar{x}) \subset \mathbb{R}_+^n,$$

且 $\eta^T F$ 在 $\bar{x}$ 处伪尖, $\xi^T G_I$ 在 $\bar{x}$ 处拟尖, 则 $\bar{x}$ 是 $(\overline{\text{VP}})$ 的弱有效解.

证明　假设不然, 则存在 $x' \in M$, 使 $F(x') < F(\bar{x})$. 从而 $\eta^T F(x') < \eta^T F(\bar{x})$, 再由 $\eta^T F$ 在 $\bar{x}$ 处的伪尖性知

$$\partial(\eta^T F)(\bar{x}) \nsubseteq \mathbb{R}_+^n. \tag{3.6}$$

又因为 $G_I(x') \leqslant 0 = G_I(\bar{x})$, 故 $\xi^{\mathrm{T}} G_I(x') \leqslant \xi^{\mathrm{T}} G_I(\bar{x})$. 再由 $\xi^{\mathrm{T}} G_I$ 在 $\bar{x}$ 处的拟尖性可知

$$\partial(\eta^{\mathrm{T}} G_I)(\bar{x}) \subset -\mathbb{R}_+^n. \tag{3.7}$$

由式 (3.6) 和式 (3.7) 知

$$\partial(\eta^{\mathrm{T}} F)(\bar{x}) + \partial(\eta^{\mathrm{T}} G_I)(\bar{x}) \not\subseteq \mathbb{R}_+^n.$$

这与假设条件矛盾, 从而 $\bar{x}$ 是 $(\overline{\mathrm{VP}})$ 的弱有效解.

定理 3.5 设 $\bar{x} \in M$, 若存在 $\eta \in \mathbb{R}_+^n$ 且 $\eta \neq 0, \xi \in \mathbb{R}_+^I$, 使

$$\partial(\eta^{\mathrm{T}} F)(\bar{x}) + \partial(\eta^{\mathrm{T}} G_I)(\bar{x}) \subset -\mathbb{R}_+^n,$$

且 $\eta^{\mathrm{T}} F$ 在 $\bar{x}$ 处伪尖, G_I 在 $\bar{x}$ 处伪尖, 并至多存在一个 $i \in I$, 使 g_i 在 $\bar{x}$ 处为正则非严格可微的广义函数, 则 $\bar{x}$ 是 $(\overline{\mathrm{VP}})$ 的弱有效解.

证明 仿证定理 3.4 的证明, 由 $\eta^{\mathrm{T}} F$ 在 $\bar{x}$ 处的伪尖性可得

$$\partial(\eta^{\mathrm{T}} F)(\bar{x}) \not\subseteq -\mathbb{R}_+^n. \tag{3.8}$$

再由 $G_I(x') \leqslant 0 = G_I(\bar{x})$ 及 G_I 在 $\bar{x}$ 处的拟尖性知

$$\partial(\eta^{\mathrm{T}} G_I)(\bar{x}) \subset -\mathbb{R}_+^{p \times n}.$$

因为至多存在一个 $i \in I$, 使 g_i 在 $\bar{x}$ 处为正则非严格可微的广义函数, 故由文献 [121] 的定理 5 之推论 6 知

$$\xi^{\mathrm{T}} \times (\partial G(\bar{x})) = \partial(\xi^{\mathrm{T}} G)(\bar{x}), \tag{3.9}$$

式 (3.9) 左端的 $\partial G(\bar{x})$ 看成矩阵, "$\times$" 表示矩阵的乘法运算, 以区分前面将矩阵看成向量而做的内积运算, 由 $\xi \geqslant 0$ 可知

$$\partial(\xi^{\mathrm{T}} G_I)(\bar{x}) \subset -\mathbb{R}_+^n. \tag{3.10}$$

最后由式 (3.8) 和式 (3.10) 知

$$\partial(\xi^{\mathrm{T}} + \xi^{\mathrm{T}} G_I)(\bar{x}) \not\subseteq -\mathbb{R}_+^N.$$

这与已知矛盾, 故 $\bar{x}$ 是 $(\overline{\mathrm{VP}})$ 的弱有效解.

对正则广义函数, 定理 3.3~ 定理 3.5 自然成立.

3.4　广义函数多目标规划的必要条件

本节主要给出了广义函数多目标规划的必要条件.

引理 3.2　设 $S \subset \mathbb{R}^n$ 为开集, 对任意 $\bar{x} \in S$, 有

$$u(\bar{x}) \subset S^*(\text{在 } \bar{\mathbb{R}}^n \text{中}).$$

引理 3.3　设 $S \subset \mathbb{R}^n$ 为开集, 若 $\partial F(x)$ 是 T-凸的, 则 $\bigcup\limits_{x \in S} \partial F(x) + T$ 在 S 上是凸的.

以上两个引理的证明是简单的.

引理 3.4　设 N 为闭凸集, $\hat{K} \subset \mathbb{R}^n$ 为凸锐序锥, 且顶点在原点, $N \cap \hat{K} = \varnothing$, 则 N 的闭支撑半空间至少有一个为如下形式:

$$\lambda^{\mathrm{T}} x \leqslant \alpha, \alpha \in \mathbb{R}_- = \{x \in \mathbb{R} | x \leqslant 0\}, \forall x \in \mathbb{R}^n,$$

式中, $\lambda \in \hat{K}^* \backslash \{0\}$, $\hat{K}^*$ 为 $\hat{K}$ 的对偶锥.

证明　我们考虑 N 的所有如下形式的闭支撑半空间:

$$\{\lambda_\nu^{\mathrm{T}} x \leqslant \alpha_\nu \in \mathbb{R} | \nu \in \Lambda, \Lambda \text{为指标集}, \lambda_\nu \in \hat{K}^* \backslash \{0\}\}.$$

如果对任意 $\nu \in \Lambda$, 都有 $\alpha_\nu > 0$, 我们须证明 $0 \in N$. 但 0 不能属于 N 的边界, 否则与所有 $\alpha_\nu > 0$ 相矛盾, 故 $0 \in \mathrm{int}K$. 这说明 $N \cap \hat{K} \neq \varnothing$, 这又与假设 $N \cap \hat{K} = \varnothing$ 矛盾, 引理得证.

现在证明 $0 \in N$. 不妨设 N 有界, 且与 $l(1 \leqslant l \leqslant n)$ 轴相交于点 $l_t = \{0, \cdots, 0, x_t, 0, \cdots, 0\} \in N$ (否则类似可证). 若 $0 \notin N$, 则 $x_t \neq 0$. 不妨设 $x_t > 0$, 并令

$$m_t = \inf\{x_t > 0 | \forall (0, \cdots, 0, x_t, 0, \cdots, 0) \in N\}.$$

注意 $\hat{K}^* \backslash \{0\}$ 是不含零元素的钝锥, 故存在 $\bar{\lambda} = (\bar{\lambda}_1, \bar{\lambda}_2, \cdots, \bar{\lambda}_t, \cdots, \bar{\lambda}_n) \in \hat{K}^* \backslash \{0\}$, 使 $\bar{\lambda}_t \neq 0$. 若 $\bar{\lambda}_t > 0$, 则

$$\bar{\lambda}^{\mathrm{T}} l_t = \bar{\lambda}_t x_t \geqslant \bar{\lambda}_t m_t.$$

这时只要取 $\lambda = \bar{\lambda}, \alpha = \bar{\lambda}_t m_t$, 便知 $\lambda^{\mathrm{T}} x \geqslant \alpha = \bar{\lambda}_t m_t > 0$ 就是 N 的一个支撑半空间, 但这与假设所有 $\alpha_\nu > 0 (\nu \in \Lambda)$ 矛盾. 若 $\bar{\lambda}_t < 0$, 则 $\lambda^{\mathrm{T}} x \leqslant \alpha \leqslant \bar{\lambda}_t m_t < 0$, 也与 $\alpha_\nu > 0$ 矛盾, 引理证完. 由于 $\partial F(x_0)$ 取有限值时, 可以看作 $\mathbb{R}^{m \times n}$ 中的集合, 于是对任意 $a, b \in \partial F(x), a = (a_1, a_2, \cdots, a_m)^{\mathrm{T}}, b = (b_1, b_2, \cdots, b_m)^{\mathrm{T}}, a_i = (a_{i1}, a_{i2}, \cdots, a_{in}), b_i = (b_{i1}, b_{i2}, \cdots, b_{in}) (i = 1, 2, \cdots, n)$, 我们规定 a 与 b 的内积为

$$\langle a, b \rangle = a^{\mathrm{T}} b = \sum_{i=1}^m a_i b_i.$$

即将 $m \times n$ 矩阵的内积规定为 $\mathbb{R}^{m \times n}$ 中的向量的内积.

定理 3.6 设 $S \subset \mathbb{R}^n$ 为开凸集, T 是 $\mathbb{R}^{m \times n}$ 中的闭凸锐序锥, $F(x)$ 在 S 上严格单减, $\partial F(x)$ 在 S 上是 T-凸的, 若 $\bar{x}$ 是 (VP) 的局部弱有效解, $G(x)$ 在 $\bar{x}$ 的单子 $u(\bar{x})$ 内伪增, $G(x)$ 在 S 上仿射, 则存在 $\bar{\lambda} \in T^*, \bar{Q} \in \mathbb{R}^{p \times n}$, 且 $(\bar{\lambda}, \bar{\theta}) \neq (0, 0)$, 使得对任意 $x \in u(\bar{x}), u \in \partial F(x)$ 及 $v \in \partial G(x)$, 有

$$\bar{\lambda}^{\mathrm{T}} u + \bar{\theta}^{\mathrm{T}} v \in \mathbb{R}_+,$$

式中, $T^* = \{y \in \mathbb{R}^{m \times n} | \langle y, t \rangle \geqslant 0, \forall t \in T\}$ 为 T 的对偶锥.

证明 由 $\bar{x}$ 是 (VP) 的局部弱有效解, 可以断定

$$\begin{cases} \partial F(x) \subset -\mathrm{int}T, \\ \partial G(x) \cap \{0\} \neq \varnothing \end{cases} \tag{3.11}$$

在 $x \in S$ 上无解. 事实上, 若式 (3.11) 有解, 则存在 $\tilde{x} \in S$, 使得 $\partial F(\tilde{x}) \subset -\mathrm{int}T$ 且 $\partial G(\tilde{x}) \cap \{0\} \neq \varnothing$, 从而 $0 \in G(\tilde{x})$. 于是, 由 G 的伪增性及命题 3.1 知, 存在 $x' \in u(\bar{x})$, $\bar{x} <_{\hat{K}} x'$, 使得对某个 $a \in G(x')$ 及任意 $b \in G(\bar{x})$, 有

$$a \in b - Q. \tag{3.12}$$

因为 $\bar{x} \in M$, 故

$$G(\bar{x}) \cap (-Q) \neq \varnothing,$$

从而存在 $b' \in G(\bar{x})$, 使 $b' \in -Q$, 即 $b' \leqslant_Q 0$. 再由式 (3.12) 知 $x \in b' - Q$. 于是, $a \leqslant_Q b' \leqslant_Q 0$, 即 $a \in -Q$. 又 $a \in G(x')$, 所以

$$G(x') \cap (-Q) \neq \varnothing.$$

这说明 $x' \in M$ 为 (VP) 的可行点. 再注意 $\partial F(\tilde{x}) \subset -\mathrm{int}T$ 以及 F 的严格单减性知, 对于上面的 $x' \in u(\bar{x})$ 且 $\bar{x} <_{\hat{K}} x'$, 应存在 $c \in F(x')$, 使得对任意 $d \in F(\bar{x})$, 有 $c \in d - \mathrm{int}K$, 即

$$c - d \in -\mathrm{int}K. \tag{3.13}$$

又因为 $\bar{x}$ 是 (VP) 的局部弱有效解, 故存在 $\bar{a} \in F(\bar{x})$, 使 $\bar{a}$ 是 $\bigcup\limits_{x \in M} F(x)$ 的弱有效点, 从而不存在 $a \in \bigcup\limits_{x \in M} F(x)$, 使

$$\bar{a} - a \in \mathrm{int}K, \text{即 } a - \bar{a} \in -\mathrm{int}K.$$

这与式 (3.11) 相矛盾, 故式 (3.11) 成立. 显然, 由式 (3.11) 可知

$$\begin{cases} 0 \in \partial F(x) + \mathrm{int}T, \\ 0 \in \partial G(x) \end{cases}$$

在 S 上无解, 而且第一式可等价地写成

$$(-\partial F(x)) \cap (\text{int} T) \neq \varnothing. \tag{3.14}$$

置

$$\eta(x) = (-\partial F(x)) \times \partial G(x), P = \text{int} T \times \{0\}_{p \times n},$$

式中, $\{0\}_{p \times n}$ 为 $\mathbb{R}^{p \times n}$ 的坐标原点, 则易知 $\eta(x)$ 和 P 都是 $\mathbb{R}^{(m+p) \times n}$ 中的集合, $\eta(x)$ 是 $(-\bar{P})$- 凸的, P 是凸锐锥, 而且对任意 $x \in S$, 有

$$\eta(x) \cap P = \varnothing. \tag{3.15}$$

从而可以断定

$$\left(\bigcup_{x \in u(\bar{x})} \eta(x) - \bar{P} \right) \cap P = \varnothing. \tag{3.16}$$

事实上, 假若不然, 则必存在 $x' \in u(\bar{x})$, 使

$$(\eta(x') - \bar{P}) \cap P = \varnothing.$$

从而存在 $p' \in \eta(x'), p'' \in \bar{P}, p \in P$, 使 $p' - p'' = p$. 而由 P 的锥性可知, $P + \bar{P} = P$, 故 $p' = p'' + p \in P$. 又 $p' \in \eta(x')$, 故 $p' \in \eta(x') \cap P$, 这与式 (3.15) 矛盾, 因此式 (3.16) 成立. 由引理 3.3 知, $\bigcup_{x \in u(\bar{x})} \eta(x) - \bar{P}$ 是 $\mathbb{R}^{(m+p) \times n}$ 中的凸集, 而且与 P 不相交, 再由引理 3.4 知, $\overline{\bigcup_{x \in u(\bar{x})} \eta(x) - \bar{P}}$ 的闭支撑半空间至少有一个为如下形式:

$$\lambda^{\mathrm{T}} x \leqslant \alpha \leqslant \mathbb{R}_-,$$

式中, $\lambda \in P^* \backslash \{0\}$, 而

$$P^* = \{(\lambda, \theta) \in \mathbb{R}^{m \times n} \times \mathbb{R}^{p \times n} | \langle \lambda, \lambda' \rangle \geqslant 0, \forall \lambda \in T\}$$
$$= T^* \times \mathbb{R}^{p \times n},$$

即存在 $\bar{\lambda} \in T^*, \hat{\theta} \in \mathbb{R}^{p \times n}$, 使 $\bar{\lambda}^{\mathrm{T}} u + \hat{\theta}^{\mathrm{T}} v \leqslant \alpha$, 其中 $u \in R^{m \times n}, v \in R^{p \times n}$. 令 $\bar{\theta} = \hat{\theta}$, 则仍有 $\bar{\theta} \in \mathbb{R}^{p \times n}$. 于是

$$\bar{\lambda}^{\mathrm{T}} u - \bar{\theta}^{\mathrm{T}} v \leqslant 0,$$

式中, $(\bar{\lambda}, \bar{\theta}) \in P^*$ 且 $(\bar{\lambda}, \bar{\theta}) \neq (0, 0)$, 即存在 $\bar{\lambda} \in T^*, \bar{\theta} \in \mathbb{R}^{p \times n}$ 且 $(\bar{\lambda}, \bar{\theta}) \neq (0, 0)$, 使

$$\bigcup_{x \in u(\bar{x})} \eta(x) - \bar{P} \subset \{(u, v) \in \mathbb{R}^{m \times n} \times \mathbb{R}^{p \times n} | \bar{\lambda}^{\mathrm{T}} u - \bar{\theta}^{\mathrm{T}} v \leqslant 0\}. \tag{3.17}$$

下证 $\bigcup_{x \in u(\bar{x})} \eta(x) \subset W = \{(u, v) \in \mathbb{R}^{m \times n} \times \mathbb{R}^{p \times n} | \bar{\lambda}^{\mathrm{T}} u - \bar{\theta}^{\mathrm{T}} v \leqslant 0\}$. 事实上, 若存在 $\tilde{P} \in \bigcup_{x \in u(\bar{x})} \eta(x)$, 但 $\tilde{P} \notin W$, 我们总可以取 $\hat{p} \in \bar{P}$ 且 $\|\hat{p}\| \in u_+(0)$, 使 $\tilde{P} - \hat{p} \notin W$, 与式 (3.17) 矛盾. 于是, 对任意 $p \in \bigcup_{x \in u(\bar{x})} \eta(x)$, 有

$$(\bar{\lambda}, -\bar{\theta})^{\mathrm{T}} p \leqslant 0, \forall x \in u(\bar{x}).$$

再由 $\eta(x)$ 的定义可知, 对任意 $u \in \partial F(x)$ 及 $v \in \partial G(x)$, 有

$$-\bar{\lambda}^{\mathrm{T}} - \bar{\theta}^{\mathrm{T}} v \leqslant 0, \forall x \in u(\bar{x}),$$

即

$$\bar{\lambda}^{\mathrm{T}} + \bar{\theta}^{\mathrm{T}} v \in R_+, \forall x \in u(\bar{x}).$$

证明完毕.

类似地, 还可以给出一些其他形式的必要条件.

3.5 广义函数多目标规划的对偶问题

文献 [124] 借助于广义函数的调和表示, 采用非标准分析方法, 讨论了下述广义函数多目标规划问题 (VP) 的局部弱有效解的必要条件:

$$(\mathrm{VP}) \qquad \min_{x \in M} F(x),$$

式中, $M = \{x \in S | G(x) \cap -Q \neq \varnothing\}$, $S \subset \mathbb{R}^n$ 为开凸集, Q 为 $\mathbb{R}^n$ 中的闭凸序锥; $F = (f_1, f_2, \cdots, f_m), G = (g_1, g_2, \cdots, g_p), (f_i, g_j \in D'(\mathbb{R}^n), i = 1, 2, \cdots, m; j = 1, 2, \cdots, p)$ 为向量广义函数, F, G 及 f_i, g_j 在 $x \in \mathbb{R}^n$ 点的值分别为 $\mathbb{R}^m, \mathbb{R}^p, \mathbb{R}$ 中的如下集合:

$$\begin{aligned} F(x) &= \mathrm{co}\{(\alpha_1, \alpha_2, \cdots, \alpha_m) \in \mathbb{R}^m | \forall \alpha_i \in f_i(x), i = 1, 2, \cdots, m\}, \\ G(x) &= \mathrm{co}\{(\beta_1, \beta_2, \cdots, \beta_p) \in \mathbb{R}^p | \forall \beta_j \in f_j(x), j = 1, 2, \cdots, p\}, \\ f_i(x) &= \mathrm{co}\{[u_i^*(x, y)]^\circ | y \in u_+(0)\}, \\ g_j(x) &= \mathrm{co}\{[v_j^*(x, y)]^\circ | y \in u_+(0)\}, \end{aligned}$$

式中, $u_i \in \mathrm{HR}(f_i)(i = 1, 2, \cdots, m)$, $v_j \in \mathrm{HR}(g_j)(j = 1, 2, \cdots, p)$ 分别为 f_i, g_j 的调和表示. 因此, (VP) 中的 F 与 G 实际上分别是 $S \rightrightarrows \mathbb{R}^m$ 与 $S \rightrightarrows \mathbb{R}^p$ 的集值映射.

定理 3.7 (*必要条件*) 设 $S \subset \mathbb{R}^n$ 为开凸集, $T \subset \mathbb{R}^{m \times n}$ 为闭凸锐序锥, F 在 S 上严格单减, $\partial F(x)$ 在 S 上 T-凸, 若 $\bar{x}$ 是(VP)的局部弱有效解, $G(x)$ 在 $\bar{x}$ 的单子 $u(\bar{x})$ 内伪增, $\partial G(x)$ 在 S 上仿射, 则存在 $\bar{\lambda} \in T^*, \bar{\theta} \in \mathbb{R}^{m \times n}$ 且 $(\bar{\lambda}, \bar{\lambda}) \neq \varnothing$, 使得对任意 $u \in \partial F(x), v \in \partial G(x), x \in u(\bar{x})$, 有

$$\bar{\lambda}^{\mathrm{T}} u + \bar{\theta}^{\mathrm{T}} \geqslant 0,$$

T^* 为 T 的对偶锥.

上式中的 $\bar{\lambda}, u$ 和 $\bar{\theta}, v$ 分别看作 $\mathbb{R}^{m \times n}$ 和 $\mathbb{R}^{p \times n}$ 中的向量.

这里考虑 (VP) 的如下 Mond-Weir 型的对偶问题:

$$\text{(VD)} \qquad \max_{z \in W} F(z),$$

式中, $W = \{(z,\lambda,\theta)|\lambda^{\mathrm{T}}u + \theta^v \geqslant 0, z \in S, \lambda \in T^*, \theta \in \mathbb{R}^{p \times n}, u \in \partial F(z^{'}), v \in \partial G(z^{'}), z^{'} \in u(z)\}.$

为证明 (VD) 是 (VP) 的对偶规划, 需证明弱对偶定理、直接对偶定理和逆对偶定理, 为此, 需引进一些概念和假设.

定义 3.11　称 F 在 $\bar{x} \in \mathbb{R}^n$ 的单子 $u(\bar{x})$ 内是非减的, 如果 $\partial F(\bar{x}) \cap T \neq \varnothing$, 且对任意 $x^1, x^2 \in u(\bar{x}), x^1 <_{\hat{K}} x^2$, 总存在 $b \in F(x^1)$, 使得对任意 $a \in F(x^2)$, 有

$$b \in a - K.$$

类似可定义 $\partial G(x)$ 在 Z 上具有 θ-上界.

定义 3.12　称 F 在 $Z \subset \mathbb{R}^n$ 上是伪不变凸的, 如果存在映射 $\eta: Z \times Z \to \mathbb{R}^{m \times n}$, 使得对任意 $x, y \in Z$, 当 $\eta(x,y)^{\mathrm{T}}\partial F(y) \geqslant 0$, 有

$$F(x) \subset F(y) + K,$$

即 $F(x) \geqslant_K F(y)$.

称 F 在 Z 上是强伪不变凸的, 如果存在映射 $\eta: Z \times Z \to \mathbb{R}^{m \times n}$, 对任意 $x, y \in Z$, 当 $\eta(x,y)^{\mathrm{T}}\partial F(y) \geqslant 0$, 必存在 $b \in F(y)$, 使

$$F(x) \subset b + K.$$

显然强伪不变凸必伪不变凸.

引理 3.5　若 $F(x)$ 在点 $\bar{x} \in \mathbb{R}^n$ 是 H-上半连续的, 则在 $\mathbb{R}^m$ 中, 对任意 $x \in u(\bar{x})$, 有

$$F(x) \subset F(\bar{x}) + u(0).$$

证明　由 $F(x)$ 在 $\bar{x}$ 的 H-上半连续性可知, 任给 $\varepsilon > 0$, 总存在 $\delta > 0$, 使得当 $x \in \bar{x} + N_\delta(0)$, 有

$$F(x) \subset F(\bar{x}) + N_\varepsilon(0).$$

式中, $N_\delta(0), N_\varepsilon(0)$ 分别是 $\mathbb{R}^n, \mathbb{R}^m$ 中原点的 δ-邻域和 ε-邻域.

注意, 当 $x \in u(\bar{x})$, 有 $x \in \bar{x} + N_\delta(0)$, 扩展到 $\mathbb{R}^n$ 中, 则

$$F^*(x) \subset F^*(\bar{x}) + N_\varepsilon^*(0), \forall x \in u(\bar{x}).$$

因为对任意的 $a \in N_\varepsilon(0)$, 有 $\|a\| < \varepsilon$, 故当 $\varepsilon \in u_+(0)$, $a \in u(0)$, 这说明 $\varepsilon \in u_+(0)$, 有 $N_\varepsilon^*(0) \subset u(0)$, 显然有 $u(0) \subset N_\varepsilon^*(0)$, 所以当 $\varepsilon \in u_+(0)$ 时, 有 $N_\varepsilon^*(0) = u(0)$, 从而

$$F^*(x) \subset F^*(\bar{x}) + N_\varepsilon^*(0).$$

省略 $*$, 结果得证.

引理 3.6 对 $\mathbb{R}^n$ 中的任意集合 A, 有

$$A + u(0) \subset \bar{A}.$$

证明 设 y 是 $A+u(0)$ 的聚点, 则存在 $y^m = x^m + z^m$, 其中 $x^m \in A, z^m \in u(0)$, $m = 1, 2, \cdots$. 于是, 当 $w \in N_\infty$ 时, 有

$$y_w \simeq y, z_m \simeq 0.$$

从而

$$y \simeq y_w - z_m \simeq x_w \in \bar{A}.$$

由此可知

$$\overline{A + u(0)} \in \bar{A}.$$

所以

$$A + u(0) \subset \overline{A + u(0)} \in \bar{A}.$$

引理 3.7 对任意 $x \in u(\bar{x})$, 有

$$\partial F(x) \subset \overline{\partial F(\bar{x})}.$$

证明 因为集值映射 $\partial F : \mathbb{R}^n \rightrightarrows \mathbb{R}^{m \times n}$ 在任意点 $x \in \mathbb{R}^n$ 是 H-上半连续的 (见文献 [121] 中命题 7), 于是由引理 3.5 知, 对于 $x \in u(\bar{x})$, 有

$$\partial F(x) \subset \partial F(\bar{x}) + u(0).$$

再由引理 3.6 知

$$\partial F(\bar{x}) + u(0) \subset \overline{\partial F(\bar{x})}.$$

所以

$$\partial F(x) \subset \overline{\partial F(\bar{x})}.$$

引理 3.8 设 $S \subset \mathbb{R}^n$ 为开集, 对任意 $\bar{x} \in S$ 及任意 $x \in u(\bar{x})$, 有 $x \in S^*$. 即在 $\mathbb{R}^n$, 有 $u(\bar{x}) \subset S^*$.

证明　因为 S 为开集, 故存在 $\bar{x}$ 的邻域 $U \in S$, 从而 R^n 中有 $U^* \subset S^*$. 注意当 $x \in u(\bar{x})$, 有 $x \simeq \bar{x}$, 所以 $\mathbb{R}^n$ 中有 $x \in U^* \subset S^*$.

引理 3.9　（择一性定理）　设 $S \subset \mathbb{R}^n$ 为开凸集, $\bar{x} \in S$, $\partial F(\bar{x})$ 和 $\partial G(\bar{x})$ 分别为 F 和 G 在 $\bar{x}$ 点的集值导数, 对任意 $\lambda \in \mathbb{R}^{m \times n}$, $\partial F(\bar{x})$ 具有 λ-上界, 且 $\partial F(\bar{x}) \subset T \cup -T$, $0 \in \partial G(\bar{x})$ 蕴含 $\partial G(x) \subset -L(x \in (x \in u(\bar{x})))$, 且对任意 $\theta \in \mathbb{R}^{p \times n}$, $\partial G(\bar{x})$ 具有 θ-上界, 则存在 $\bar{\lambda} \in T^*, \bar{\theta} \in \mathbb{R}^{p \times n}$, 使得下述两个结论不能同时成立:

(1) $\partial F(\bar{x}) \cap (-T) \neq \varnothing$, 或者 $0 \in \partial G(x)$;

(2) 对任意 $u \in \partial F(x), v \in \partial G(x)$, 有

$$\bar{\lambda}^{\mathrm{T}} u + \bar{\theta}^{\mathrm{T}} v \geqslant 0, \forall x \in u(\bar{x}).$$

证明　若 (1) 不成立, 则 (2) 成立. 记集合

$$A = \{(a, b) \in \mathbb{R}^{m \times n} \times \mathbb{R}^{p \times n} | 存在 u \in \partial F(\bar{x}), \text{s.t.} \ a \in u + T, b \in \partial G(\bar{x})\}.$$

先证 A 为凸集, 令 $(a_1, b_1) \in A, \alpha \in [0, 1]$, 则由 A 的定义知, 存在 $u_1, u_2 \in \partial F(\bar{x})$, $t_1, t_2 \in T$, 使得 $a_1 = u_1 + t_1, a_2 = u_2 + t_2$, 从而

$$\alpha a_1 = \alpha u_1 + \alpha t_1,$$

$$(1 - \alpha) a_2 = (1 - \alpha) u_2 + (1 - \alpha) t_2,$$

再由 $\partial F(\bar{x})$ 为凸集[121, 124] 知, 存在 $u \in \partial F(\bar{x}), t \in T$, 使

$$u = \alpha u_1 + (1 - \alpha) u_2,$$

$$t = \alpha t_1 + (1 - \alpha) t_2,$$

于是

$$\alpha a_1 + (1 - \alpha) a_2 = u + t,$$

即存在 $u \in \partial F(\bar{x})$, 使

$$\alpha a_1 + (1 - \alpha) a_2 \in u + T. \tag{3.18}$$

再由 A 的定义知, $b_1, b_2 \in \partial G(\bar{x})$. 而 $\partial G(\bar{x})$ 为凸集, 故

$$\alpha b_1 + (1 - \alpha) b_2 \in \partial G(\bar{x}). \tag{3.19}$$

由式 (3.18) 和式 (3.19) 知

$$\alpha a_1 + (1 - \alpha) a_2, \alpha b_1 + (1 - \alpha) b_2 \in A,$$

故 A 为凸集.

下证 A 非空. 因为 $\partial G(\bar{x})$ 非空, 故存在 $b \in \partial G(\bar{x})$. 假设不存在 $a \in \mathbb{R}^{m \times n}$, 均有 $a \notin a - T$. 再由 u 和 a 的任意性可知

$$\partial F(\bar{x}) \cap (\mathbb{R}^{m \times n} - T) = \varnothing,$$

注意 $\mathbb{R}^{m \times n} - T$, 所以 $\partial F(\bar{x}) \cap \mathbb{R}^{m \times n} = \varnothing$. 这与 $\partial F(\bar{x})$ 非空相矛盾.

现在假设 (1) 不成立, 则易知 $(0,0) \notin A$, 于是, 由凸集分离定理知, 存在 $\bar{\lambda} \in \mathbb{R}^{m \times n}, \bar{\theta} \in \mathbb{R}^{p \times n}$, 使

$$\bar{\lambda}^{\mathrm{T}} u + \bar{\theta}^{\mathrm{T}} v \geqslant 0, (a,b) \in A. \tag{3.20}$$

因为 $\partial F(\bar{x})$ 及 $\partial G(\bar{x})$ 都是 H-上半连续的[121], 故由引理 3.5 知

$$\partial F(x) \subset \partial F(\bar{x}) + u(0_f), x \in u(\bar{x}),$$

$$\partial G(x) \subset \partial G(\bar{x}) + u(0_g), x \in u(\bar{x}),$$

式中, $0_f, 0_g$ 分别为 $\mathbb{R}^{m \times n}, \mathbb{R}^{p \times n}$ 的原点. 于是, 对任意 $u \in \partial F(x), v \in \partial G(x), x \in \partial u(x)$, 存在 $\bar{u} \in \partial F(\bar{x}), \bar{v} \in \partial G(\bar{x}), \alpha \in u(0_f), \beta \in u(0_g)$, 使得

$$u = \bar{u} + \alpha, v = \bar{v} + \beta,$$

注意 $0 \in T$, 故 $\bar{u} \in u - \alpha + T, v - \beta = \bar{v} \in \partial G(\bar{x})$, 这说明 $(\bar{u}, \bar{v}) \in A$, 于是由式 (3.20) 知

$$\bar{\lambda}^{\mathrm{T}} \bar{u} + \bar{\theta}^{\mathrm{T}} \bar{v} = \bar{\lambda}^{\mathrm{T}} u + \bar{\theta}^{\mathrm{T}} v - \bar{\lambda}^{\mathrm{T}} \alpha - \bar{\theta}^{\mathrm{T}} \beta \geqslant 0, \tag{3.21}$$

即 $\bar{\lambda}^{\mathrm{T}} \bar{u} + \bar{\theta}^{\mathrm{T}} \bar{v} \geqslant \bar{\lambda}^{\mathrm{T}} \alpha + \bar{\theta}^{\mathrm{T}} \beta \simeq 0$. 对式 (3.21) 右边取标准部分得

$$\bar{\lambda}^{\mathrm{T}} \bar{u} + \bar{\theta}^{\mathrm{T}} \bar{v} \geqslant 0. \tag{3.22}$$

最后证明 $\bar{\lambda} \in T^*$, 假设 $\bar{\lambda} \notin T^*$, 则存在 $t_0 \in T$, 使 $\bar{\lambda}^{\mathrm{T}} t < 0$, 取 $\alpha = -\bar{\lambda}^{\mathrm{T}} t_0 > 0$, 则由 $\partial G(\bar{x})$ 具有 $\bar{\theta}$-上界知, 存在 $v_0 \in \partial G(\bar{x})$, 使

$$\bar{\theta}^{\mathrm{T}} v_0 + \bar{\lambda}^{\mathrm{T}} t_0 < 0,$$

注意 $\partial F(\bar{x}) \cap (-T) = \varnothing$ 且 $\partial F(\bar{x}) \subset T \cup (-T)$, 所以 $\partial F(\bar{x}) \subset T$, 取 $\beta = -(\bar{\theta}^{\mathrm{T}} v_0 + \bar{\lambda}^{\mathrm{T}} t_0)$, 则由 $\partial F(\bar{x})$ 具有 $\bar{\lambda}$-上界, 存在 $u_0 \in \partial F(\bar{x}) \subset T$, 使

$$\bar{\theta}^{\mathrm{T}} v_0 + \bar{\lambda}^{\mathrm{T}} t_0 + \bar{\lambda}^{\mathrm{T}} u_0 < 0, \tag{3.23}$$

再注意 $u_0 \in u_0 + t_0 - T, v_0 \in \partial G(\bar{x})$, 故 $(u_0 + t_0, v_0) \in A$, 从而

$$\bar{\theta}^{\mathrm{T}} v_0 + \bar{\lambda}^{\mathrm{T}} t_0 + \bar{\lambda}^{\mathrm{T}} u_0 \geqslant 0 \tag{3.24}$$

而式 (3.23) 与式 (3.24) 矛盾, 这说明 $\bar{\lambda} \in T^*$, 结合式 (3.22) 知 (2) 成立.

下面证明: 若 (1) 成立, 则 (2) 不成立.

假设 (1) 和 (2) 同时成立, 由 (1) 成立知, $\partial F(\bar{x}) \cap (-T) \neq \varnothing$ 或 $\partial F(\bar{x}) \cap (-T) = \varnothing$, 但 $0 \in \partial G(\bar{x})$.

当 $\partial F(\bar{x}) \cap -T \neq \varnothing$ 时, 存在 $u_0 \in \partial F(\bar{x})$ 且 $u_0 \in -T$. 对 (2) 中的 $\bar{\lambda} \in T^*, \bar{\theta} \in \mathbb{R}^{p \times n}$, 取 $\alpha = -\bar{\lambda}^{\mathrm{T}} u_0$, 则 $\alpha \geqslant 0$. 再由 $\partial G(\bar{x})$ 具有 $\bar{\theta}$-上界知, 存在 $b \in \partial G(\bar{x})$, 使

$$\bar{\theta}^{\mathrm{T}} b + \bar{\lambda}^{\mathrm{T}} u_0 < 0.$$

这与 (2) 矛盾.

当 $\partial F(\bar{x}) \cap (-T) = \varnothing$, 但 $0 \in \partial G(\bar{x})$, 考虑 (2) 中的 $\bar{\lambda} \in T^*$, $\bar{\theta} \in \mathbb{R}^{p \times n}$, 这时易知 $\partial F(\bar{x}) \subset T$, 因为对任意 $v \in \partial G(x)$, 当 $\theta' \in L^*$ 时, 有 $\theta'^{T} v \leqslant 0$.

取 $\alpha_1 = -\theta'^{T} v \geqslant 0$, 则由 $\partial F(\bar{x})$ 具有 $\bar{\lambda}$-上界知, 存在 $\bar{u} \in \partial F(\bar{x})$, 使

$$\bar{\lambda}^{\mathrm{T}} \bar{u} + \theta' v < 0,$$

再取 $\alpha = -(\bar{\lambda}^{\mathrm{T}} \bar{u} + \theta' v) \geqslant 0$ 且 $\theta'' = \bar{\theta} - \theta'$, 由 $\partial G(\bar{x})$ 具有 θ''-上界知, 存在 $\bar{v} \in \partial G(\bar{x})$, 使

$$\bar{\lambda}^{\mathrm{T}} \bar{u} + \theta'' \bar{v} + \theta' v < 0$$

由 v 的任意性知

$$\bar{\lambda}^{\mathrm{T}} \bar{u} + \theta'' \bar{v} + \theta' v = \theta'' \bar{v} + \theta' v < 0,$$

这与 (2) 矛盾.

因此, 若 (1) 成立, 则 (2) 必不成立. 引理证明完毕.

定理 3.8 （弱对偶定理）　设 $S \subset \mathbb{R}^n$ 为开凸集, $F(x)$ 在 S 上伪不变凸, 则对任意 $\lambda \in \mathbb{R}^{m \times n}$, $\partial F(x)$ 在 S 上具有 λ-上界, 且在 S 上有 $\partial F(x) \subset T \cup (-T)$; 对任意 $\bar{x} \in S$, $0 \in \partial G(\bar{x})$ 蕴含 $\partial G(x) \subset -L(x \in u(\bar{x}))$, 且对任意 $\theta \in \mathbb{R}^{p \times n}$, $\partial G(x)$ 在 S 上具有 θ-上界, 则对(VP)与(VD)的任意可行解 x 与 (z, λ, θ), 有

$$F(x) \subset F(z) + K, \text{即} F(x) \geqslant_K F(z),$$

证明　因为 (z, λ, θ) 是 (VD) 的可行解, 所以对任意 $u \in \partial F(z')$, $v \in \partial G(z')$, $z' \in u(z)$, 有

$$\lambda^{\mathrm{T}} u + \theta^{\mathrm{T}} v \geqslant 0.$$

由择一性定理（引理 3.9）知 (1) 不成立, 即

$$\partial F(z) \cap (-T) = \varnothing \text{且} 0 \notin \partial G(z).$$

注意 $\partial F(x) \subset T \cup (-T)$, 知 $\partial F(x) \subset T$.

令 $\eta(x, z) = \lambda \in T^*$, 则有

$$\eta(x, y)^{\mathrm{T}} \partial F(z) \geqslant 0.$$

再由 $F(x)$ 在 S 上的伪不变凸性知

$$F(x) \subset F(z) + K.$$

推论 3.1 在定理 3.8 的假设条件下, 设 x 及 (z, λ, θ) 分别为 (VP) 和 (VD) 的可行解, 若 $F(x) = F(z)$, 则 x 与 (z, λ, θ) 分别为 (VP) 和 (VD) 的有效解.

证明 假设 x 不是 (VP) 的有效解, 则 $F(x) \cap E_{pa} = \varnothing$. 从而对任意 $a \in F(x)$, 均有 $a \notin E_{pa}$. 于是存在 $\bar{x} \in M, \bar{a} \in F(\bar{x})$, 使

$$a - \bar{a} \in K \backslash \{0\} \subset K.$$

即 $\bar{a} - a \notin K$. 再由 $F(x) = F(z)$ 知, 对任意 $b \in F(z)$, 有

$$\bar{a} - b \in K. \tag{3.25}$$

另外, 由弱对偶定理知

$$F(\bar{x}) \subset F(z) + K,$$

此式与式 (3.25) 矛盾.

类似可证 (z, λ, θ) 是 (VD) 的有效解.

定理 3.9 (直接对偶定理) 设 $S \subset \mathbb{R}^n$ 为开凸集, $T \subset \mathbb{R}^{m \times n}$ 为闭凸锐序锥, $F(x)$ 在 S 上严格单减且伪不变凸, $\partial F(x)$ 在 S 上 T-凸, 且 $\partial F(x) \subset T \cup (-T)$, 又对任意 $\lambda \in \mathbb{R}^{m \times n}$, $\partial F(x)$ 在 S 上具有 λ-上界; G 在 $u(x)$ 内伪增, $\partial G(x)$ 在 S 上仿射, 且对任意 $\theta \in \mathbb{R}^{p \times n}$, $\partial G(x)$ 在 S 上具有 θ-上界, 则对 (VP) 的任意弱有效解 $\bar{x}$, 必存在 $\bar{\lambda} \in T^*, \bar{\theta} \in \mathbb{R}^{p \times n}$, 使 $(\bar{z} = \bar{x}, \bar{\lambda}, \bar{\theta})$ 是 (VD) 的弱有效解, 且 $F(\bar{x}) = F(\bar{z})$.

证明 因为 $\bar{x}$ 是 (VP) 的弱有效解, 从而必是局部弱有效解, 于是由广义函数多目标规划的局部弱有效解的必要条件知, 存在 $\bar{\lambda} \in T^*, \bar{\theta} \in \mathbb{R}^{p \times n}$ 且 $(\bar{\lambda}, \bar{\theta}) \neq (0, 0)$, 使得对任意 $u \in \partial F(x), v \in \partial G(x), x \in u(\bar{x})$, 有

$$\bar{\lambda}^{\mathrm{T}} u + \bar{\theta}^{\mathrm{T}} v \geqslant 0.$$

由此可知, $(\bar{z} = \bar{x}, \bar{\lambda}, \bar{\theta})$ 是 (VD) 的可行解.

下证 $(\bar{z} = \bar{x}, \bar{\lambda}, \bar{\theta})$ 是 (VD) 的弱有效解. 假若不然, 则

$$F(\bar{z}) \cap E_{wp} = \varnothing,$$

式中, E_{wp} 为对应于 (VD) 的 $\bigcup\limits_{z\in W} F(z)$ 的弱有效集. 因此, 对任意 $a\in F(\bar{z})$, 均有 $a\notin E_{wp}$, 从而必存在 $\bar{a}\in\bigcup\limits_{z\in W}$, 使

$$\bar{a}-a\in\mathrm{int}K. \tag{3.26}$$

而 $\bar{a}\in\bigcup\limits_{z\in W}$ 意味着存在 $\hat{z}\in W$, 使 $\bar{a}\in F(\hat{z})$. 再由弱对偶定理知

$$F(\bar{z})\subset F(\hat{z})+K.$$

由此及 $\bar{a}\in F(\hat{z})$ 知, 必存在 $a'\in F(z)$, 使

$$a'\in\bar{a}+K, \tag{3.27}$$

而式 (3.26) 与式 (3.27) 矛盾. 证毕.

定理 3.10 （逆对偶定理）　设 $S\subset\mathbb{R}^n$ 为开凸集, $T\subset\mathbb{R}^{m\times n}, K\subset\mathbb{R}^m$ 为闭凸点序锥, $F(x)$ 在 M 上强伪不变凸, 对任意 $\lambda\in\mathbb{R}^{m\times n}, \partial F(x)$ 在 S 上具有 λ-上界, 对任意 $x\in S$, 有 $\partial F(x)\subset T\cup(-T)$ 且 $0\notin\partial F(x)$; 对任意 $x\in S$ 有 $0\in G(x)$, 对任意 $x\in S, 0\in\partial G(x)$ 蕴含 $\partial G(x)\subset -L(x\in u(\bar{x}))$, 对任意 $\theta\in\mathbb{R}^{p\times n}, \partial G(x)$ 在 S 上具有 θ-上界, 在 S 上, $\partial G(x)\subset -L\cup(-L)$ 且 $\partial G(x)\cap L\neq\varnothing$, 对任意 $x\in S, G$ 在 $u(x)$ 上非减, 则对(VD)的任意弱有效解 $(\bar{z},\bar{\lambda},\bar{\theta}), \bar{x}=\bar{z}$ 必是(VP)的弱有效解, 且 $F(\bar{x})=F(\bar{z})$.

证明　因 $(\bar{z},\bar{\lambda},\bar{\theta})$ 是 (VD) 的弱有效解, 故是 (VD) 的可行解, 从而对任意 $u\in\partial F(z), v\in\partial G(x), z\in u(\bar{z})$, 有

$$\bar{\lambda}^{\mathrm{T}}u+\bar{\theta}^{\mathrm{T}}v\geqslant 0.$$

由择一性定理知, (1) 不成立, 即 $\partial F(\bar{z})\cap(-T)=\varnothing$ 且 $0\notin\partial G(\bar{z})$. 再注意 $\partial F(\bar{z})\subset T\cup(-T)$, 便知

$$\partial F(\bar{z})\subset T 且 0\notin\partial G(\bar{z}).$$

对任意 $z'\in u(\bar{z})$, 由引理 3.7 知

$$\partial F(z')\subset\overline{\partial F(\bar{z})}=\partial F(\bar{z})\subset T,$$

$$\partial G(z')\subset\overline{\partial G(\bar{z})}=\partial G(\bar{z})\subset L\cup(-L).$$

而 $0\notin\partial G(\bar{z})$, 故 $0\notin\partial G(z')$. 又 $0\notin\partial F(\bar{z})$, 所以 $0\notin\partial F(z')$. 注意 $\partial F(z')\subset T$, 且 $T\cup(-T)=\{0\}$, 因此

$$\partial F(z')\cap(-T)=\varnothing.$$

再由择一性定理知, $(z', \bar\lambda, \bar\theta)$ 是 (VD) 的可行解.

由 $\partial G(\bar z) \cap L \neq \varnothing$ 及 $G(z)$ 在 $u(\bar z)$ 上的非减性知, 对任意 $z' \in u(\bar z)$ 且 $z' <_K \bar z$, 必存在 $g' \in \partial G(z')$, 使得对任意 $g \in G(\bar z)$, 有

$$g' \in g - Q.$$

再由 $0 \in G(\bar z)$, 得

$$g' \in 0 - Q = -Q.$$

这说明 $G(z') \cap (-Q) \neq \varnothing$, 所以 z' 是 (VP) 的可行解. 从而 $\bar z$ 也是 (VP) 的可行解.

下证 $\bar z$ 是 (VP) 的弱有效解. 对任意 $x, z \in M$, 取 $\eta(x, z) = \lambda \in T^*$, 则由 $\bar z \in M, \partial F(\bar z) \subset T$ 知

$$\eta(x, \bar z)^{\mathrm{T}} \partial F(\bar z) \geqslant 0.$$

再由 $F(x)$ 在 M 上的强伪不变凸性知, 存在 $b \in F(\bar z)$, 使得对任意 $a \in F(x)$, 有

$$a \in b + k, \text{即 } b - a \in -K.$$

而 $K \cup (-K) = \{0\}$, 故

$$b - a \notin \mathrm{int}K.$$

这说明不存在 $a \in F(x) \subset \bigcup_{x \in M} F(x)$, 使

$$b - a \in \mathrm{int}K,$$

即 $b \in E_{wp}$, 从而 $F(\bar z) \cap E_{wp} \neq \varnothing$. 这就证明了 $\bar z$ 是 (VP) 的弱有效解.

第4章　参数变分不等式约束的多目标优化问题的最优性条件

4.1　引　言

本章考虑如下的参数变分不等式约束的多目标优化问题:

$$
\text{(P)} \quad
\begin{aligned}
&\min \ \phi(x,y) \\
&\text{s. t. } y \in \Omega, \langle F(x,y), y-z \rangle \leqslant 0, \forall z \in \Omega, \\
&\quad (x,y) \in C,
\end{aligned}
$$

式中, $\phi: \mathbb{R}^n \times \mathbb{R}^m \to \mathbb{R}^l$ 是 Lipschitz 连续的; $F: \mathbb{R}^n \times \mathbb{R}^m \to \mathbb{R}^m$ 是连续可微的; C 是 $\mathbb{R}^n \times \mathbb{R}^m$ 中的非空闭凸集. 集合

$$
\Omega = \{ y \in \mathbb{R}^m \mid g_i(y) \leqslant 0, i = 1, 2, \cdots, q; g_i(y) = 0, i = q+1, q+2, \cdots, p \},
$$

式中, $g_i: \mathbb{R}^m \to \mathbb{R}, i = 1, 2, \cdots, q$ 是凸二次连续可微的, $g_i: \mathbb{R}^m \to \mathbb{R}, i = q+1, q+2, \cdots, p$ 是仿射的.

令 $g(y) := (g_1(y), g_2(y), \cdots, g_p(y))^{\mathrm{T}}$, $D := \mathbb{R}^q_- \times \{0\}_{p-q}$, 则问题 (P) 中的集合 Ω 变为

$$
\Omega = \{ y \in \mathbb{R}^m \mid g(y) \in D \}, \tag{4.1}
$$

当 $\mathcal{J}g(y)$ 具有行满秩时, 则问题 (P) 中的参数变分不等式可以等价地写为

$$
0 \in F(x,y) + \mathcal{N}_\Omega(y), \tag{4.2}
$$

式中,

$$
\mathcal{N}_\Omega(y) = \mathcal{J}g(y)^{\mathrm{T}} \mathcal{N}_D(g(y)). \tag{4.3}
$$

近些年来, 许多学者都对均衡约束的多目标优化问题的最优性条件进行了研究, 参见文献 [37]、[40]、[63] 等. 文献 [50] 和 [64] 研究了双层多目标优化的最优性条件. 对抽象广义方程约束的多目标优化问题

$$
\begin{aligned}
&\min \ f(x,y) \\
&\text{s. t. } 0 \in q(x,y) + Q(x,y),
\end{aligned}
$$

Mordukhovich 建立了该问题的最优性必要条件[19]. 在有穷维 Banach 空间中, Ye 等考虑了变分不等式约束的多目标优化问题[20]:

$$
\begin{aligned}
&\min \ \phi(x,y)\\
&\text{s. t. } f_i(x,y) \leqslant 0, \ i = 1,2,\cdots,M,\\
&\qquad f_i(x,y) = 0, \ i = M+1, M+2, \cdots, N,\\
&\qquad (x,y) \in C,\\
&\qquad y \in \Omega, \langle F(x,y), y - z \rangle \leqslant 0, \ \forall z \in \Omega,
\end{aligned}
\tag{4.4}
$$

并且给出了该问题的 Fritz John 型最优性必要条件. 在问题 (4.4) 中, 变分不等式中的集合 Ω 为抽象集合, 因而在最优性条件中, 集合 Ω 的微分 $D^*\mathcal{N}_\Omega(y,v)(v^*)$ 也为抽象集合, 这为验证所建立的最优性条件造成不小的困扰. 当集合 Ω 为具体的锥约束集合时, 则集合 Ω 的微分 $D^*\mathcal{N}_\Omega(y,v)(v^*)$ 如何计算是值得研究的问题. 在本章中, 我们考虑具有等式和不等式约束的集合 Ω, 即式 (4.1). 当 $\mathcal{J}g(y)$ 具有行满秩时, 有式 (4.3) 成立, 则如何计算复合极值映射 (4.3) 的微分, 是我们建立问题 (P) 的最优性条件的首要目标.

在辅助映射的平稳性的假设下, 文献 [59] 给出了一般复合集值映射的微分法则. 针对具有等式与不等式约束的参数变分不等式, 我们证明了在线性无关约束规范的假设下, 所定义的辅助集值映射是平稳的, 进而建立了复合集值映射 (4.3) 的伴同导数估计. 进一步地, 利用凸集分离定理, 我们将多目标优化问题转化为单目标优化问题, 从而建立了问题 (P) 的一阶最优性必要条件.

4.2 复合集值映射的伴同导数估计

本节主要讨论复合集值映射 (4.3) 的伴同导数估计, 首先给出集合 Ω 在 $\bar{y}$ 处法锥的具体形式.

引理 4.1 设 $g(\bar{y}) \in D$, 集合 Ω 由式(4.1) 给出. 假设约束规范(1.4) 成立, 则对 $\bar{y} \in \Omega$, 有

$$
\mathcal{N}_\Omega(\bar{y}) = \left\{
\mathcal{J}g(\bar{y})^{\mathrm{T}} d \in \mathbb{R}^m
\ \middle|\
\begin{array}{ll}
d_i \in \mathbb{R}_+, & \text{若 } i \in I\\
d_i = 0, & \text{若 } i \in J\\
d_i \in \mathbb{R}, & \text{若 } i \in L
\end{array}
\right\},
$$

式中, $I = \{i \,|\, g_i(\bar{y}) = 0, \ 1 \leqslant i \leqslant q\}$; $J = \{1,2,\cdots,q\}\backslash I$; $L = \{q+1, q+2, \cdots, p\}$.

在 y 充分靠近 $\bar{y}$ 时, 将广义方程 (4.2) 写为

$$
0 \in F(x,y) + \mathcal{J}g(y)^{\mathrm{T}} \mathcal{N}_D(g(y)).
$$

进一步, 记

$$Q(y) = \mathcal{J}g(y)^{\mathrm{T}} \mathcal{N}_D(g(y)), \tag{4.5}$$

式中, $Q : \mathbb{R}^m \rightrightarrows \mathbb{R}^m$ 在 $\bar{y}$ 处是闭图的. 令 $p(y) = \mathcal{J}g(y)$.

在本节中, 我们将给出映射 (4.5) 的伴同导数的上界估计. 根据引理 4.1, 对指标集 $\{1, 2, \cdots, p\}$ 分类, 即

$$I_1(\bar{y}) = \{i \in J \mid g_i(\bar{y}) < 0, d_i = 0\},$$

$$I_2(\bar{y}) = \{i \in I \mid g_i(\bar{y}) = 0, d_i > 0\},$$

$$I_0(\bar{y}) = \{i \in I \mid g_i(\bar{y}) = 0, d_i = 0\}.$$

定义辅助函数 $\mathcal{L} : \mathbb{R}^n \times \mathbb{R}^m \to \mathbb{R}^m$ 为

$$\mathcal{L}(x, y, d) = F(x, y) + p(y)^{\mathrm{T}} d. \tag{4.6}$$

由文献 [59] 知, 若 (x, y) 是问题 (P) 的可行解, $p(y)$ 具有行满秩, 则 $\mathcal{L}(x, y, d) = 0$ 具有唯一解 $d \in \mathcal{N}_D(g(y))$. 定义集值映射 $\mathcal{M} : \mathbb{R}^{2p} \rightrightarrows \mathbb{R}^n \times \mathbb{R}^m \times \mathbb{R}^p$ 为

$$\mathcal{M}(\vartheta) = \{(x, y, d) \in \mathbb{R}^n \times \mathbb{R}^m \times \mathbb{R}^p \mid (g(y), d)^{\mathrm{T}} + \vartheta \in \mathrm{gph}\mathcal{N}_D\}. \tag{4.7}$$

下面给出集值映射 (4.5) 的伴同导数.

定理 4.1　假设 $p_{I \cup L}(\bar{y})$ 具有行满秩. 则对 $d \in \Lambda(\bar{x}, \bar{y})$, 式(4.7) 中的映射 $\mathcal{M}$ 在点 $(0_{2p}, \bar{y}, d)$ 是平稳的, 且对 $v^* \in \mathbb{R}^m$, $s \in \mathbb{R}^p$, 有

$$D^* Q(\bar{y}, \bar{v})(v^*) \subset \bigcup_{d \in \Lambda(\bar{x}, \bar{y})} \left\{ \sum_{i \in I} \nabla^2 g_i(\bar{y}) d_i v^* + p(\bar{y})^{\mathrm{T}} s \right\},$$

$$s_i = 0, \ i \in N_1 = \{i \mid i \in I_1(\bar{y}) \text{ 或 } i \in I_0(\bar{y}) \text{ 且 } u_i < 0\},$$

$$s_i \in \mathbb{R}, i \in N_2 = \{i \mid i \in I_2(\bar{y}) \cup L \text{ 或 } i \in I_0(\bar{y}) \text{ 且 } u_i = 0\},$$

$$s_i \in \mathbb{R}_+, i \in N_3 = \{i \mid i \in I_0(\bar{y}) \text{ 且 } u_i \geqslant 0\}.$$

证明　首先, 我们验证映射 $\mathcal{M}$ 的平稳性, 也就是计算映射 $\mathcal{M}$ 在零点处的伴同导数. 假设 $v \in D^*\mathcal{M}(0_{2p}, \bar{y}, d)(0)$, 由定义 1.3 得

$$v \in D^*\mathcal{M}(0_{2p}, \bar{y}, d)(0) \Longleftrightarrow (v, 0) \in \mathcal{N}_{\mathrm{gph}\mathcal{M}}(0_{2p}, \bar{y}, d). \tag{4.8}$$

根据式 (4.7), 映射 $\mathcal{M}$ 的图为

$$\mathrm{gph}\mathcal{M} = \{(\vartheta_1, \vartheta_2, y, d) \in \mathbb{R}^p \times \mathbb{R}^p \times \mathbb{R}^m \times \mathbb{R}^p \mid R(\vartheta_1, \vartheta_2, y, d)$$

$$= \begin{pmatrix} g(y) + \vartheta_1 \\ d + \vartheta_2 \end{pmatrix} \in \mathrm{gph}\mathcal{N}_D \}.$$

当 $p_{I \cup L}(\bar{y})$ 具有行满秩时, 约束规范 (1.4) 成立. 由命题 1.5 知

$$\mathcal{N}_{\mathrm{gph}\mathcal{M}}(0_{2p}, \bar{y}, d) \subset \mathcal{J}R(0_{2p}, \bar{y}, d)^{\mathrm{T}} \mathcal{N}_{\mathrm{gph}\mathcal{N}_D}(R(0_{2p}, \bar{y}, d)). \tag{4.9}$$

从式 (4.8) 和式 (4.9) 可得

$$(v, 0) \in \mathcal{J}R(0_{2p}, \bar{y}, d)^{\mathrm{T}} \mathcal{N}_{\mathrm{gph}\mathcal{N}_D}(R(0_{2p}, \bar{y}, d)). \tag{4.10}$$

由式 (4.10) 知, 存在 $\zeta \in \mathcal{N}_{\mathrm{gph}\mathcal{N}_D}(R(0_{2p}, \bar{y}, d))$ 满足

$$\begin{aligned}
\begin{pmatrix} v \\ 0 \end{pmatrix} &= \mathcal{J}R(0_{2p}, \bar{y}, d)^{\mathrm{T}} \xi \\
&= \begin{pmatrix} I_p & 0 & p(\bar{y}) & 0 \\ 0 & I_p & 0 & I_p \end{pmatrix}^{\mathrm{T}} \zeta.
\end{aligned}$$

即存在 $\zeta \in \mathcal{N}_{\mathrm{gph}\mathcal{N}_D}(R(0_{2p}, \bar{y}, d))$ 满足

$$v = \zeta, \quad \begin{bmatrix} p(\bar{y})^{\mathrm{T}} & 0 \\ 0 & I_p \end{bmatrix} \zeta = 0$$

则存在 $\rho \in \mathbb{R}^p$ 使

$$v = \begin{pmatrix} \rho \\ 0 \end{pmatrix} \in \mathcal{N}_{\mathrm{gph}\mathcal{N}_D}(g(\bar{y}), d), \quad p(\bar{y})^{\mathrm{T}} \rho = 0.$$

因为 $\mathrm{gph}\mathcal{N}_{\mathbb{R}_-^p}$ 和 $\mathrm{gph}\mathcal{N}_{\{0\}_{p-q}}$ 是闭的, 对 $\mathrm{gph}\mathcal{N}_D$ 应用文献 [3] 中命题 6.41, 得到

$$\begin{aligned}
&\mathcal{N}_{\mathrm{gph}\mathcal{N}_D}(g(\bar{y}), d) \\
&= (\times_{i=1}^q \mathcal{N}_{\mathrm{gph}\mathcal{N}_{\mathbb{R}_-}}(g_i(\bar{y}), d_i)) \times (\times_{i=q+1}^p \mathcal{N}_{\mathrm{gph}\mathcal{N}_{\{0\}_{p-q}}}(g_i(\bar{y}), d_i)) \\
&= \left\{ (a, b) \in \mathbb{R}^p \times \mathbb{R}^p \,\middle|\, \begin{array}{ll} (a_i, b_i) \in \{0\} \times \mathbb{R}, & \text{若 } i \in I_1(\bar{y}) \\ (a_i, b_i) \in \mathbb{R} \times \{0\}, & \text{若 } i \in I_2(\bar{y}) \cup L \\ (a_i, b_i) \in (\{0\} \times \mathbb{R}) \cup (\mathbb{R} \times \{0\}) \\ \qquad \cup (\mathbb{R}_+ \times \mathbb{R}_-), & \text{若 } i \in I_0(\bar{y}) \end{array} \right\}. \\
&\tag{4.11}
\end{aligned}$$

由式 (4.11) 知 $\rho_i = 0, i \in J$. 又矩阵 $p_{I \cup L}(\bar{y})$ 具有行满秩, 则 $\rho_{I \cup L} = 0$, 即 $v = 0$. 所以,

$$D^*\mathcal{M}(0_{2p}, \bar{y}, d)(0) = \{0\}.$$

因此映射 $\mathcal{M}$ 是类 Lipschitz 的, 即映射 $\mathcal{M}$ 在点 $(0_{2p}, \bar{y}, d)$ 是平稳的.

在平稳性条件下, 应用文献 [59] 中定理 3.1 得

$$D^*Q(\bar{y},\bar{v})(v^*) \subset \bigcup_{d \in \Lambda(\bar{x},\bar{y})} \{(\mathcal{J}p(\bar{y})^{\mathrm{T}}d)^{\mathrm{T}}v^* + p(\bar{y})^{\mathrm{T}}D^*\mathcal{N}_D(g(\bar{y}),d)(p(\bar{y})^{\mathrm{T}}v^*)\}. \quad (4.12)$$

由定义 1.3 得

$$s \in D^*\mathcal{N}_D(g(\bar{y}),d)(p(\bar{y})^{\mathrm{T}}v^*) \Longleftrightarrow (s, -p(\bar{y})^{\mathrm{T}}v^*) \in \mathcal{N}_{\mathrm{gph}\mathcal{N}_D}(g(\bar{y}),d). \quad (4.13)$$

记 $u = -p(\bar{y})^{\mathrm{T}}v^*$, 由式 (4.11)~ 式 (4.13) 得

$$D^*Q(\bar{y},\bar{v})(v^*) \subset \bigcup_{d \in \Lambda(\bar{x},\bar{y})} \left\{ \sum_{i \in I} \nabla^2 g_i(\bar{y})d_i v^* + p(\bar{y})^{\mathrm{T}}s \right\},$$

$$s_i = 0, \; i \in N_1 = \{i \,|\, i \in I_1(\bar{y}) \text{ 或 } i \in I_0(\bar{y}) \text{ 且 } u_i < 0\},$$

$$s_i \in \mathbb{R}, i \in N_2 = \{i \,|\, i \in I_2(\bar{y}) \cup L \text{ 或 } i \in I_0(\bar{y}) \text{ 且 } u_i = 0\},$$

$$s_i \in \mathbb{R}_+, i \in N_3 = \{i \,|\, i \in I_0(\bar{y}) \text{ 且 } u_i \geqslant 0\}.$$

注 4.1   当集合 D 变为一般闭凸集 Γ 时, 则 Ω 变为 $\Omega = \{y \in \mathbb{R}^m \,|\, g(y) \in \Gamma\}$. 在有穷维空间中, 当 $F(x,y)$ 和 $g(y)$ 是仿射的, 集合 Γ 也是仿射的, 则定理 4.1 中的平稳性条件成立. 进一步地, 在有穷维空间或者无穷维空间中, 当广义方程

$$0 \in \nabla F(\bar{x},\bar{y})w + D^*Q(\bar{x},\bar{y},-F(\bar{x},\bar{y}))(w)$$

有唯一解 $w = 0$ 时, Mordukhovich 准则 (1.7) 成立, 即类 Lipschitz 条件也成立.

4.3   最优性条件

在这一节中我们建立问题 (P) 的一阶最优性条件. 首先将多目标问题转化为单目标问题[125], 记 $\Xi = \{(x,y) \in \Omega_0 \times \Omega_1 \,|\, \langle F(x,y), y - z \rangle \leqslant 0, \forall z \in \Omega\}$ 为变分不等式的可行集, 其中 $\Omega_0 \times \Omega_1 = C$. 由凸集分离定理, 我们得到下面的定理.

定理 4.2   设 $(\bar{x},\bar{y})$ 是问题 (P) 的弱有效解, 则下面的结论成立.

(1) 若 $\phi_i(x,y)$ 是凸的, K 是 $\mathbb{R}^l$ 中的凸集, 且 $0 \in \mathrm{bd}K, \mathrm{int}K \neq \varnothing$. 对所有的 x, $F(x,\cdot)$ 在 Ω 上是单调的, 则存在 $\mu = (\mu_1, \mu_2, \cdots, \mu_l)^{\mathrm{T}} \neq 0$ 满足 $\mu^{\mathrm{T}}c > 0, c \in \mathrm{int}K$, 使得 $(\bar{x},\bar{y})$ 是问题 $P(\mu) = \{\min \mu^{\mathrm{T}}\phi(x,y) \,|\, (x,y) \in B\}$ 的最小解.

(2) 若 $\phi_i(x,y)$ 是非凸的, $K = \mathbb{R}^l_+$, 则 (1) 中的结论也成立.

证明   (1) 对固定的 $x \in \Omega_0$, $F(x,\cdot)$ 在 Ω 上是单调的. 由文献 [126] 得, Ξ 是凸的, 问题 (P) 的可行集合 B 也是凸的. 记 $A_i = \{(x,y,u_i) \,|\, u_i \leqslant \sup\limits_{(x,y) \in B} \phi_i(x,y)\}$, 其中 $\sup\limits_{(x,y) \in B} \phi_i(x,y)$ 可能为 $+\infty$. 因此, A_i 是凸的. 进一步地, 我们得到

$$\phi_i(B) = P_{u_i^{\mathrm{axis}}}(\mathrm{epi}\phi_i \cap \mathrm{co}(B \times \{(0,1)\})) \cap A_i), i = 1, 2, \cdots, l, \quad (4.14)$$

式中, u_i^{axis} 为 u_i 的坐标轴. $\phi_i(x,y)$ 是凸的, 则 $\mathrm{epi}\phi_i$ 是凸的. 由于 A_i 是凸的, 则集合 $\mathrm{epi}\phi_i \cap \mathrm{co}(B \times \{(0,1)\})) \cap A_i$ 是凸的. 进一步地, 凸集合在坐标轴上的投影也是凸的, 由式 (4.14) 得, $\phi_i(B)$ 是凸的. 此外, $\phi(B) = \phi_1(B) \times \phi_2(B) \times \cdots \times \phi_l(B)$, 因此, 我们得到 $\phi(B)$ 也是凸的. 因为 $(\bar{x}, \bar{y})$ 是问题 (P) 的弱有效解, 我们有

$$(\phi(\bar{x}, \bar{y}) - \mathrm{int}K) \cap \phi(B) = \varnothing.$$

由凸集分离定理[127] 得, 存在 $\mu \in K \backslash \{0\}$ 和 $r \in \mathbb{R}$ 使

$$\mu^{\mathrm{T}} v \leqslant r, v \in \phi(\bar{x}, \bar{y}) - \mathrm{int}K,$$

$$\mu^{\mathrm{T}} u \geqslant r, u \in \phi(B).$$

所以,

$$\mu^{\mathrm{T}}(\phi(\bar{x}, \bar{y}) - c) \leqslant \mu^{\mathrm{T}}(\phi(x, y)), \forall (x, y) \in B, c \in \mathrm{int}K.$$

因为 $0 \in K$, 选取一列 $\{c_k\} \subset \mathrm{int}K$, $c_k \to 0$, $k \to \infty$. 因此,

$$\mu^{\mathrm{T}}(\phi(\bar{x}, \bar{y}) - c_k) \leqslant \mu^{\mathrm{T}}(\phi(x, y)), \forall (x, y) \in B.$$

令 $k \to \infty$, 我们得到

$$\mu^{\mathrm{T}}\phi(\bar{x}, \bar{y}) \leqslant \mu^{\mathrm{T}}\phi(x, y), \forall (x, y) \in B.$$

即 $(\bar{x}, \bar{y})$ 是问题 $P(\mu)$ 的最小解.

(2) 若函数 $\phi(x, y)$ 是非凸的, 我们有

$$\phi(B) + \mathrm{int}\mathbb{R}_+^l = \times_{i=1}^l (\phi_i(B) + \mathrm{int}\mathbb{R}_+^1) = \times_{i=1}^l (\mathrm{inf}\phi_i(B), +\infty). \tag{4.15}$$

注意, 若 $\mathrm{inf}\phi_i(B) = -\infty$, 则上述区间为全空间 $\mathbb{R}^l$. 由式 (4.15) 知, $\phi(B) + \mathrm{int}\mathbb{R}_+^l$ 是闭凸集. 进一步地, $(\bar{x}, \bar{y})$ 是问题 (P) 的弱有效解, 则

$$\phi(\bar{x}, \bar{y}) \cap (\phi(B) + \mathrm{int}\mathbb{R}_+^l) = \varnothing,$$

因此 $\phi(\bar{x}, \bar{y}) \notin \phi(B) + \mathrm{int}\mathbb{R}_+^l$. 而 $\phi(B) + \mathrm{int}\mathbb{R}_+^l$ 是闭凸集, 由凸集分离定理知, 存在 $\mu \in \mathbb{R}_+^l \backslash \{0\}$ 和 $r \in \mathbb{R}$ 使得

$$\mu^{\mathrm{T}} u \geqslant r, u \in \phi(B) + \mathrm{int}\mathbb{R}_+^l,$$

$$\mu^{\mathrm{T}}\phi(\bar{x}, \bar{y}) \leqslant r.$$

因此存在 $(x, y) \in B, c \in \mathrm{int}\mathbb{R}_+^l$ 满足

$$\mu^{\mathrm{T}}(\phi(x, y) + c) \geqslant \mu^{\mathrm{T}}\phi(\bar{x}, \bar{y}).$$

因为 $0 \in \mathbb{R}_+^l$, 取一列 $\{c_k\} \subset \mathrm{int}\mathbb{R}_+^l$, $c_k \to 0$, $k \to +\infty$, 则

$$\mu^{\mathrm{T}}(\phi(x, y) + c_k) \geqslant \mu^{\mathrm{T}}\phi(\bar{x}, \bar{y}).$$

令 $k \to \infty$, 我们得到

$$\mu^{\mathrm{T}}\phi(x, y) \geqslant \mu^{\mathrm{T}}\phi(\bar{x}, \bar{y}), \forall(x, y) \in B.$$

即 $(\bar{x}, \bar{y})$ 是问题 $P(\mu)$ 的最小解.

定义集值映射 $\mathcal{P} : \mathbb{R}^m \times \mathbb{R}^{2p} \rightrightarrows \mathbb{R}^n \times \mathbb{R}^m \times \mathbb{R}^p$ 为

$$\mathcal{P}(z, \vartheta) = \{(x, y, d) \in \mathbb{R}^n \times \mathbb{R}^m \times \mathbb{R}^p \mid \mathcal{L}(x, y, d) + z = 0\} \cap \mathcal{M}(\vartheta). \tag{4.16}$$

记集合 $\Lambda(x, y) = \{d \in S(y) \mid \mathcal{L}(x, y, d) = 0\}$, 其中 $S(y) = \mathcal{N}_D(g(y))$. 在给出问题 (P) 的最优必要性条件之前, 我们先给出一个假设.

假设 4.1　线性独立约束规范成立, 即矩阵

$$\begin{pmatrix} \mathcal{J}_{x,y}\mathcal{L}(\bar{x}, \bar{y}, d) \\ p_{I \cup L}(\bar{y}) \end{pmatrix}$$

具有行满秩.

在假设 4.1 和定理 4.2 之下, 我们得到问题 (P) 的最优性必要条件.

定理 4.3　设 $(\bar{x}, \bar{y})$ 为问题 (P) 的弱有效解. 假设 ϕ_i 是 Lipschitz 连续的, F 是连续可微的. $g_i, i = 1, 2, \cdots, q$ 是凸的, 二次连续可微的, $g_i, i = q+1, q+2, \cdots, p$ 是仿射的. 设 d 是方程 $F(\bar{x}, \bar{y}) + p(\bar{y})^{\mathrm{T}}d = 0$ 的解, 且假设 4.1 成立. 则存在 $\mu = (\mu_1, \mu_2, \cdots, \mu_l)^{\mathrm{T}} \neq 0$ 和 $v^* \in \mathbb{R}^m$ 满足

$$0 \in \sum_{i=1}^l \mu_i \partial \phi_i(\bar{x}, \bar{y}) + \nabla_{x,y}F(\bar{x}, \bar{y})^{\mathrm{T}}v^* + \mathcal{N}_C(\bar{x}, \bar{y}) + D^*Q(\bar{y}, \bar{v})(v^*). \tag{4.17}$$

证明　因为 $(\bar{x}, \bar{y})$ 是问题 (P) 的弱有效解, 由定理 4.2 知, $(\bar{x}, \bar{y})$ 是问题 $P(\mu)$ 的最小解. 因此,

$$0 \in (\mu^{\mathrm{T}}\phi)(\bar{x}, \bar{y}) + \mathcal{N}_C(\bar{x}, \bar{y}) + \mathcal{N}_\Xi(\bar{x}, \bar{y}). \tag{4.18}$$

下面我们估计 $\mathcal{N}_\Xi(\bar{x}, \bar{y})$. 在假设 4.1 之下, 式 (4.16) 中的映射 $\mathcal{P}$ 在点 $(0_m, 0_{2p}, \bar{x}, \bar{y}, d)$ 处是平稳的. 众所周知, 当集值映射在一点处的类 Lipschitz 性成立, 则它在这点的平稳性成立. 而类 Lipschitz 性可以通过 Mordukhovich 准则来刻画. 因此我们只需计算映射 $\mathcal{P}$ 在零点处的伴同导数. 假设 $w \in D^*\mathcal{P}(0_m, 0_{2p}, \bar{x}, \bar{y}, d)(0)$, 由定义 1.3 知 $(w, 0) \in \mathcal{N}_{\mathrm{gph}\mathcal{P}}(0_m, 0_{2p}, \bar{x}, \bar{y}, d)$. 映射 $\mathcal{P}$ 的图为

$$\mathrm{gph}\mathcal{P} = \Big\{(z, \vartheta_1, \vartheta_2, x, y, d) \in \mathbb{R}^m \times \mathbb{R}^p \times \mathbb{R}^p \times \mathbb{R}^n \times \mathbb{R}^m \times \mathbb{R}^p \mid$$
$$(\mathcal{L}(x, y, d) + z, g(y) + \vartheta_1, d + \vartheta_2)^{\mathrm{T}} \in \{0\}_m \times \mathrm{gph}\mathcal{N}_D\Big\},$$

当假设 4.1 成立时, 约束规范 (1.4) 在点 $(0_m, 0_{2p}, \bar{x}, \bar{y}, d)$ 处自然成立. 由命题 1.5 知

$$\mathcal{N}_{\mathrm{gph}\mathcal{P}}(0_m, 0_{2p}, \bar{x}, \bar{y}, d) \subset \mathcal{J}\tilde{\mathcal{P}}(0_m, 0_{2p}, \bar{x}, \bar{y}, d)\mathcal{N}_{\{0\}_m \times \mathrm{gph}\mathcal{N}_D}(\tilde{\mathcal{P}}(0_m, 0_{2p}, \bar{x}, \bar{y}, d)), \tag{4.19}$$

式中, $\tilde{\mathcal{P}}(z, \vartheta_1, \vartheta_2, x, y, d) = (\mathcal{L}(x, y, d) + z, g(y) + \vartheta_1, d + \vartheta_2)^{\mathrm{T}}$. 由式 (4.19) 得

$$(w, 0) \in \mathcal{J}\tilde{\mathcal{P}}(0_m, 0_{2p}, \bar{x}, \bar{y}, d)^{\mathrm{T}}\mathcal{N}_{\{0\}_m \times \mathrm{gph}\mathcal{N}_D}(\tilde{\mathcal{P}}(0_m, 0_{2p}, \bar{x}, \bar{y}, d)),$$

则存在 $\xi \in \mathcal{N}_{\{0\}_m \times \mathrm{gph}\mathcal{N}_D}(\tilde{P}(0_m, 0_{2p}, \bar{x}, \bar{y}, d))$ 满足

$$\begin{pmatrix} w \\ 0 \end{pmatrix} = \begin{pmatrix} I_m & 0 & 0 & \mathcal{J}_{x,y}\mathcal{L}(\bar{x}, \bar{y}, d) & p(\bar{y}) \\ 0 & I_p & 0 & p(\bar{y}) & 0 \\ 0 & 0 & I_p & 0 & I_p \end{pmatrix}^{\mathrm{T}} \xi,$$

即

$$w = \xi, \quad \begin{pmatrix} \mathcal{J}_{x,y}\mathcal{L}(\bar{x}, \bar{y}, d)^{\mathrm{T}} & p(\bar{y})^{\mathrm{T}} & 0 \\ p(\bar{y})^{\mathrm{T}} & 0 & I_p \end{pmatrix} \xi = 0.$$

因此存在 $w \in \mathcal{N}_{\{0\}_m \times \mathrm{gph}\mathcal{N}_D}(\tilde{P}(0_m, 0_{2p}, \bar{x}, \bar{y}, d))$ 满足

$$\begin{pmatrix} \mathcal{J}_{x,y}\mathcal{L}(\bar{x}, \bar{y}, d)^{\mathrm{T}} & p(\bar{y})^{\mathrm{T}} & 0 \\ p(\bar{y})^{\mathrm{T}} & 0 & I_p \end{pmatrix} w = 0.$$

也就是说, 存在 $w = (w^1, w^2, w^3) \in \mathbb{R}^m \times \mathcal{N}_{\mathrm{gph}\mathcal{N}_D}(q(\bar{y}), d)$ 使得

$$\mathcal{J}_{x,y}\mathcal{L}(\bar{x}, \bar{y}, d)^{\mathrm{T}}w^1 + p(\bar{y})^{\mathrm{T}}w^2 = 0, p(\bar{y})^{\mathrm{T}}w^1 + w^3 = 0.$$

由式 (4.11) 知 $i \in J, w_i^2 = 0$. 则有

$$\mathcal{J}_{x,y}\mathcal{L}(\bar{x}, \bar{y}, d)^{\mathrm{T}}w^1 + p(\bar{y})^{\mathrm{T}}w_{I \cup L}^2 = 0, p(\bar{y})^{\mathrm{T}}w^1 + w^3 = 0.$$

当假设 4.1 成立时, 我们得到 $w^1 = 0, w_{I \cup L}^2 = 0, w^3 = 0$, 由此得到 $w = 0$. 因此, 映射 $\mathcal{P}$ 在点 $(0_m, 0_{2p}, \bar{x}, \bar{y}, d)$ 是平稳的. 由文献 [128] 知

$$\mathcal{N}_\Xi(\bar{x}, \bar{y}) \subset \begin{pmatrix} 0 & -\nabla_x F(\bar{x}, \bar{y})^{\mathrm{T}} \\ E & -\nabla_y F(\bar{x}, \bar{y})^{\mathrm{T}} \end{pmatrix} \circ \mathcal{N}_{\mathrm{gph}\mathcal{N}_\Omega}(\bar{y}, -F(\bar{x}, \bar{y})),$$

因此我们得到上界估计

$$\mathcal{N}_\Xi(\bar{x}, \bar{y}) \subset \bigcup_{d \in \Lambda(\bar{x}, \bar{y})} \{\nabla F(\bar{x}, \bar{y})^{\mathrm{T}}v^* + D^*Q(\bar{y}, \bar{v})(v^*)\}. \tag{4.20}$$

由式 (4.18), 式 (4.20) 和 ϕ_i 的 Lipschitz 连续性, 我们得到

$$0 \in \sum_{i=1}^{l} \mu_i \partial \phi_i(\bar{x}, \bar{y}) + \nabla_{x,y} F(\bar{x}, \bar{y})^{\mathrm{T}} v^* + \mathcal{N}_C(\bar{x}, \bar{y}) + D^* Q(\bar{y}, \bar{v})(v^*).$$

注 4.2　当矩阵 $\nabla F(\bar{x}, \bar{y})$ 具有行满秩时, 式 (4.20) 等号成立. 若使得式 (4.12) 也等号成立, 则需式 (4.5) 中的映射 Q 的图是凸的, 而这个条件一般都不满足.

将定理 4.3 应用到多目标双层规划问题, 也就是

$$\begin{aligned} &\min\ \varphi(x, y) \\ &\text{s. t.}\ y \in S(x) = \operatorname*{argmin}_{y} \left\{ f(x, y) \ \middle|\ \begin{matrix} g_i(y) \leqslant 0, i = 1, 2, \cdots, q \\ g_i(y) = 0, i = q+1, q+2, \cdots, p \end{matrix} \right\}, \\ &\quad (x, y) \in C. \end{aligned} \quad (4.21)$$

令 $\mathcal{L}(x, y, d) = \nabla f(x, y) + p(y)^{\mathrm{T}} d$, 我们得到多目标双层规划问题的最优性必要条件.

推论 4.1　设 $(\bar{x}, \bar{y})$ 是问题(4.21) 的弱有效解. 假设 φ_i 是 Lipschitz 连续的, f 是二次连续可微的. $g_i, i = 1, 2, \cdots, q$ 是凸的、二次连续可微的, $g_i, i = q+1, q+2, \cdots, p$ 是仿射的. d 满足 $\nabla f(\bar{x}, \bar{y}) + p(\bar{y})^{\mathrm{T}} d = 0$ 且假设4.1 成立. 则存在 $\mu = (\mu_1, \mu_2, \cdots, \mu_l)^{\mathrm{T}} \neq 0, v^* \in \mathbb{R}^m$ 满足

$$0 \in \sum_{i=1}^{l} \mu_i \partial \varphi_i(\bar{x}, \bar{y}) + \nabla_{x,y}^2 f(\bar{x}, \bar{y})^{\mathrm{T}} v^* + \mathcal{N}_C(\bar{x}, \bar{y}) + D^* Q(\bar{y}, \bar{v})(v^*).$$

证明　对于问题 (4.21), 将最优性条件应用到 $y \in S(x)$, 我们得到 $0 \in \nabla f(x, y) + \mathcal{N}_\Omega(y)$, 则问题 (4.21) 转化为

$$\begin{aligned} &\min\ \varphi(x, y) \\ &\text{s. t.}\ 0 \in \nabla f(x, y) + \mathcal{N}_\Omega(y), \\ &\quad (x, y) \in C. \end{aligned}$$

令 $F(x, y) = \nabla f(x, y)$, 由定理 4.2 和定理 4.3 知, 结论成立.

定理 4.1 给出了映射 $D^* Q(\bar{y}, \bar{v})(v^*)$ 的上界估计, 因此我们得到了更为具体的最优性条件.

定理 4.4　设 $(\bar{x}, \bar{y})$ 是问题(P) 的弱有效解. 假设 ϕ_i 是 Lipschitz 连续的, F 是连续可微的. $g_i, i = 1, 2, \cdots, q$ 是凸的、二次连续可微的, $g_i, i = q+1, q+2, \cdots, p$ 是仿射的. d 是方程 $F(\bar{x}, \bar{y}) + p(\bar{y})^{\mathrm{T}} d = 0$ 的解且假设4.1 成立. 则存在 $\mu =$

$(\mu_1, \mu_2, \cdots, \mu_l)^{\mathrm{T}} \neq 0$, $v^* \in \mathbb{R}^m$ 和 $s \in \mathbb{R}^p$ 满足

$$0 \in \sum_{i=1}^{l} \mu_i \partial \phi_i(\bar{x}, \bar{y}) + \nabla_{x,y} F(\bar{x}, \bar{y})^{\mathrm{T}} v^* + \mathcal{N}_C(\bar{x}, \bar{y}) + \sum_{i \in I} \nabla^2 g_i(\bar{y}) d_i v^* + p(\bar{y})^{\mathrm{T}} s,$$

$$s_i = 0, \ i \in N_1 = \{i \,|\, i \in I_1(\bar{y}) \ \text{或} \ i \in I_0(\bar{y}) \ \text{且} \ u_i < 0\},$$

$$s_i \in \mathbb{R}, i \in N_2 = \{i \,|\, i \in I_2(\bar{y}) \cup L \ \text{或} \ i \in I_0(\bar{y}) \ \text{且} \ u_i = 0\},$$

$$s_i \in \mathbb{R}_+, i \in N_3 = \{i \,|\, i \in I_0(\bar{y}) \ \text{且} \ u_i \geqslant 0\}.$$

$$(4.22)$$

证明 从定理 4.1 和定理 4.3 知, 结论成立.

同样地, 我们也得到了多目标双层规划的最优性条件.

推论 4.2 设 $(\bar{x}, \bar{y})$ 是问题(4.21) 的弱有效解. 假设 φ_i 是Lipschitz 连续的, f 是二次连续可微的. $g_i, i = 1, 2, \cdots, q$ 是凸的、二次连续可微的, $g_i, i = q + 1, q + 2, \cdots, p$ 是仿射的. d 满足 $\nabla f(\bar{x}, \bar{y}) + p(\bar{y})^{\mathrm{T}} d = 0$ 且假设4.1 成立. 则存在 $\mu = (\mu_1, \mu_2, \cdots, \mu_l)^{\mathrm{T}} \neq 0, v^* \in \mathbb{R}^m$ 和 $s \in \mathbb{R}^p$ 满足

$$0 \in \sum_{i=1}^{l} \mu_i \partial \varphi_i(\bar{x}, \bar{y}) + \nabla_{x,y}^2 f(\bar{x}, \bar{y})^{\mathrm{T}} v^* + \mathcal{N}_C(\bar{x}, \bar{y}) + \sum_{i \in I} \nabla^2 g_i(\bar{y}) d_i v^* + p(\bar{y})^{\mathrm{T}} s,$$

$$s_i = 0, \ i \in N_1 = \{i \,|\, i \in I_1(\bar{y}) \ \text{或} \ i \in I_0(\bar{y}) \ \text{且} \ u_i < 0\},$$

$$s_i \in \mathbb{R}, i \in N_2 = \{i \,|\, i \in I_2(\bar{y}) \cup L \ \text{或} \ i \in I_0(\bar{y}) \ \text{且} \ u_i = 0\},$$

$$s_i \in \mathbb{R}_+, i \in N_3 = \{i \,|\, i \in I_0(\bar{y}) \ \text{且} \ u_i \geqslant 0\}.$$

4.4 例子及计算结果

在这一节中我们给出几个数值例子来说明定理 4.4 中的最优性条件.

例 4.1 在这个例子中, $n = m = l = 2$, $p = q = 2$,

$$\phi(x, y) = \begin{pmatrix} x_1^2 - 2x_1 + y_1^2 \\ x_2^2 - 2x_2 + y_2^2 \end{pmatrix}, \quad F(x, y) = 2 \begin{pmatrix} y_1 - x_1 \\ y_2 - x_2 \end{pmatrix},$$

$$g(y) = \begin{pmatrix} (y_1 - 1)^2 - 0.25 \\ (y_2 - 1)^2 - 0.25 \end{pmatrix}, \quad C = [0, 2] \times [0, 2] \times \mathbb{R}^2.$$

由文献 [129] 知, $(\bar{x}, \bar{y}) = (0.5, 0.5, 0.5, 0.5)^{\mathrm{T}}$ 是该问题的弱有效解. 定理 4.4 中的假设均成立, 因此我们验证式 (4.22) 中的最优性条件. 容易得到

$$\mathcal{L}(x, y, d) = 2 \begin{pmatrix} y_1 - x_1 + (y_1 - 1)d_1 \\ y_2 - x_2 + (y_2 - 1)d_2 \end{pmatrix}, \quad \nabla_x \mathcal{L}(x, y, d) = \begin{pmatrix} -2 & 0 \\ 0 & -2 \end{pmatrix},$$

$$\nabla_y \mathcal{L}(x,y,d) = \begin{pmatrix} 2(1-d_1) & 0 \\ 0 & 2(1-d_2) \end{pmatrix}, \quad \nabla g(y) = \begin{pmatrix} 2(y_1-1) & 0 \\ 0 & 2(y_2-1) \end{pmatrix}.$$

当 $C = [0,2] \times [0,2] \times \mathbb{R}^2$ 时, 在点 $(\bar{x}, \bar{y})$ 处, 有 $\mathcal{N}_C(\bar{x}, \bar{y}) = \{0\}$, 从 $\mathcal{L}(\bar{x}, \bar{y}, d) = 0$ 知 $d = 0$. 因此存在 $\mu = (1,1)^{\mathrm{T}}$ 使得 $(\bar{x}, \bar{y})$ 是无约束优化问题 $P(\mu)$ 的最小解. 从式 (4.22) 得

$$v^* = (-1,-1)^{\mathrm{T}}, s = (0,0),$$

其中, $s_i \in \mathbb{R}_+, i \in N_3 = \{i \,|\, i \in I_0(\bar{y}) \text{ 且 } u_i = 1 \geqslant 0\}$. 因此弱有效解 $(\bar{x}, \bar{y})$ 满足定理 4.4 中的最优性条件.

例 4.2　（具有 NASH 均衡约束的 MPOEC 问题的最优性条件）考虑 MOPEC:

$$\begin{aligned} &\min \ \varphi(x,y) \\ &\text{s. t. } 0 \in G(x,y) + \mathcal{N}_\Omega(y), \\ &\qquad (x,y) \in C, \end{aligned}$$

式中,

$$\varphi(x,y) = \begin{pmatrix} \dfrac{1}{2}\left(y_1 - \dfrac{11}{3}y_3\right) \\ \dfrac{1}{2}(y_2 - 9)^2 - 3y_2 \end{pmatrix}, \quad y = (y_1, y_2, y_3) \in \mathbb{R}^3.$$

均衡约束为下面的广义方程:

$$0 \in \begin{pmatrix} -34 + 2y_2 + \dfrac{8}{3}y_3 \\ -\dfrac{97}{4} + \dfrac{5}{4}y_2 + 2y_3 \end{pmatrix} + \mathcal{N}_\Omega(y), \quad y = (y_1, y_2, y_3) \in \mathbb{R}^3,$$

式中, 集合 Ω 为

$$\Omega = \{y \in \mathbb{R}^3 \,|\, y_2 + y_3 - 15 - y_1 \leqslant 0\}$$

且 $C = [-1,1] \times \mathbb{R}^2$. 由文献 [130] 知, $\bar{y} = (0,9,6)$ 为该问题的弱有效解. 同样地, 我们得到

$$\mathcal{L}(y,d) = \begin{pmatrix} -34 + 2y_2 + \dfrac{8}{3}y_3 + d_2 \\ -\dfrac{97}{4} + \dfrac{5}{4}y_2 + 2y_3 + d_1 \end{pmatrix}, \quad \nabla_y \mathcal{L}(y,d) = \begin{pmatrix} 0 & 0 \\ 2 & \dfrac{5}{4} \\ \dfrac{8}{3} & 2 \end{pmatrix}.$$

$$\nabla_y g(y,d) = \begin{pmatrix} -1 & -1 \\ 1 & 1 \\ 1 & 1 \end{pmatrix}.$$

在点 $\bar{y} = (0, 9, 6)$ 处, $\mathcal{N}_C(\bar{y}) = \{0\}$. 从 $\mathcal{L}(\bar{y}, d) = 0$ 得 $d = (1, 0)^{\mathrm{T}}$. 因此存在 $\mu = \left(\dfrac{1}{2}, 1\right)^{\mathrm{T}}$ 使得 $\bar{y}$ 是无约束优化问题 $P(\mu)$ 的最小解. 从式 (4.22) 知, 存在

$$v^* = (1, 1, 0)^{\mathrm{T}}, s = (1, 0)^{\mathrm{T}}$$

满足最优性条件, 其中 $s_1 = 1, i = 1 \in I_2(\bar{y}); s_2 = 0, i = 2 \in I_0(\bar{y})$. 因此弱有效解 $\bar{y}$ 满足定理 4.4 中的最优性条件.

第5章 二阶锥广义方程约束的多目标优化问题的最优性条件

5.1 引 言

本章主要考虑如下的二阶锥广义方程约束的向量优化问题（vector optimization problem, VOP）：

$$\text{(VOP)} \quad \begin{aligned} &\min \ \varphi(x,y) \\ &\text{s. t. } 0 \in G(x,y) + \mathcal{N}_\Omega(y), \end{aligned}$$

式中，$\varphi : \mathbb{R}^n \times \mathbb{R}^m \to \mathbb{R}^l$ 是 Lipschitz 连续函数；$G : \mathbb{R}^n \times \mathbb{R}^m \to \mathbb{R}^m$ 是二次连续可微映射；集合

$$\Omega = \{y \in \mathbb{R}^m \mid q^j(y) \in Q_{s_j+1}, j = 1, 2, \cdots, J\}, \quad \sum_{j=1}^{J}(s_j+1) = s,$$

其中，$q^j(y) : \mathbb{R}^m \to \mathbb{R}^{s_j+1}$ 是二次连续可微映射，Q_{s_j+1} 是 s_j+1 维的二阶锥，定义为

$$Q_{s_j+1} := \{u = (u_0; \bar{u}) \in \mathbb{R} \times \mathbb{R}^{s_j} \mid u_0 \geqslant \| \bar{u} \| \}.$$

令 $q(y) := (q^1(y); q^2(y); \cdots; q^J(y)) \in \mathbb{R}^s$，$Q := Q_{s_1+1} \times Q_{s_2+1} \times \cdots \times Q_{s_J+1}$. 则集合 Ω 简化为

$$\Omega = \{y \in \mathbb{R}^m \mid q(y) \in Q\}. \tag{5.1}$$

固定 $\bar{y} \in \mathbb{R}^m$ 和 $q(\bar{y}) \in Q$，若 $\mathcal{J}q(\bar{y})$ 行满秩，则对 $\bar{y}$ 附近的可行点 y，$q(y) \in Q$ 成立且 $\mathcal{J}q(y)$ 也行满秩. 由命题 1.5 知，$\mathcal{N}_\Omega(y) = \mathcal{J}q(y)^{\mathrm{T}} \mathcal{N}_Q(q(y))$. 为简便，记

$$\Phi(y) := \mathcal{J}q(y)^{\mathrm{T}} \mathcal{N}_Q(q(y)), \tag{5.2}$$

则广义方程变为

$$0 \in G(x,y) + \Phi(y). \tag{5.3}$$

由于二阶锥的结构比较复杂，目前对于二阶锥均衡约束的研究主要集中于二阶锥互补约束的优化问题. 文献 [72]~[76] 对二阶锥互补约束的优化问题的一阶最优

性条件进行了研究. 在文献 [77] 中, Outrata 等利用投影映射的方向导数, 建立了二阶锥上的投影映射的正则及极限伴同导数, 进而得到了二阶锥互补约束的数学规划的最优性条件. 这些二阶锥的微分理论均是借助于投影映射建立的, 不能从直观的角度得到二阶锥的性质. 因此在本章中, 我们利用文献 [59] 中的复合集值映射的伴同导数法则, 直接计算二阶锥的法锥映射的伴同导数, 从而建立二阶锥的微分理论.

本章主要建立问题 (VOP) 的最优性条件, 主要估计复合集值映射的伴同导数. 而本章直接从二阶锥的几何特征出发, 结合变分分析的微分理论, 给出了二阶锥的法锥, 进而建立了二阶锥法锥图映射的正则法锥及其极限法锥. 在线性无关约束规范的假设下, 利用复合集值映射的微分法则, 我们给出了二阶锥复合集值映射的伴同导数估计. 借助分离函数, 我们建立了问题 (VOP) 的最优性条件. 此外, 在严格互补条件成立下, 我们同样给出了复合集值映射的伴同导数估计及问题 (VOP) 的最优性条件.

5.2　复合集值映射的伴同导数估计

本节主要计算二阶锥的法锥图映射的法锥. 为简便, 下面给出一些符号表示. 对 $K \subset \mathbb{R}^n$, 记 K° 为集合 K 的极锥, 也就是, $K^\circ = \{v \mid \langle v, u \rangle \leqslant 0, \forall u \in K\}$. $\mathcal{B}$ 表示 $\mathbb{R}^n$ 中的闭单位球. 记 $\mathbb{R}x := \{\lambda x \mid \lambda \in \mathbb{R}\}, \mathbb{R}_+ x := \{\lambda x \mid \lambda \geqslant 0\}, \mathbb{R}_- x := \{\lambda x \mid \lambda \leqslant 0\}$ 和 $\mathbb{R}_{--}x := \{\lambda x \mid \lambda < 0\}$. 下面给出二阶锥 Q 的切锥和法锥. 对 $u = (u_0; \bar{u}) \in Q_{s_j+1}$, 记 $\hat{u} = (u_0; -\bar{u})$.

引理 5.1　令 $q(y) \in Q$, 则下面的结论成立.

(1)

$$\mathcal{T}_Q(q(y)) = \left\{ z \in \mathbb{R}^s \left| \begin{array}{ll} z^j \in \mathbb{R}^{s_j+1}, & \text{若 } q^j(y) \in \mathrm{int}Q_{s_j+1}, \\ z^j \in Q_{s_j+1}, & \text{若 } q^j(y) = 0, \\ z^j \in \mathbb{R}^{s_j+1}, & \\ \bar{q}^j(y)^{\mathrm{T}} \bar{z}^j - q_0^j(y) z_0^j \leqslant 0, & \text{若 } q^j(y) \in \mathrm{bd}Q_{s_j+1} \setminus \{0\} \end{array} \right. \right\},$$

(2)

$$\mathcal{N}_Q(q(y)) = \left\{ d \in \mathbb{R}^s \left| \begin{array}{ll} d^j = 0, & \text{若 } q^j(y) \in \mathrm{int}Q_{s_j+1}, \\ d^j \in -Q_{s_j+1}, & \text{若 } q^j(y) = 0, \\ d^j = k\hat{q}^j(y), k \leqslant 0, & \text{若 } q^j(y) \in \mathrm{bd}Q_{s_j+1} \setminus \{0\} \end{array} \right. \right\}.$$

证明　(1) 当 $q^j(y) \in \mathrm{int}Q_{s_j+1}$ 或 $q^j(y) = 0$, 结论成立. 假设 $q^j(y) \in \mathrm{bd}Q_{s_j+1} \setminus \{0\}$, 也就是, $q_0^j(y) = \|\bar{q}^j(y)\| \neq 0$. 对 $u = (u_0; \bar{u}) \in Q_{s_j+1}$, 引入辅助函数 $\psi(u) =$

$\|\bar{u}\| - u_0$, 则 $Q_{s_j+1} = \{u \in \mathbb{R}^{s_j+1} \,|\, \psi(u) \leqslant 0\}$ 且 $\psi(u)$ 是 Lipschitz 连续可微的. 由文献 [131] 中命题 2.1.1 知

$$\mathcal{T}_{Q_{s_j+1}}(u) = \{\nu \in \mathbb{R}^{s_j+1} \,|\, \psi^{'}(u;\nu) \leqslant 0\}.$$

因为

$$\psi^{'}(u;\nu) = \nabla\psi(u)^{\mathrm{T}}\nu = \frac{\bar{\nu}^{\mathrm{T}}\bar{u}}{\|\bar{u}\|} - \nu_0,$$

和 $q_0^j(y) = \|\bar{q}^j(y)\|$, 则

$$\mathcal{T}_{Q_{s_j+1}}(q^j(y)) = \{z^j \in \mathbb{R}^{s_j+1} \,|\, \bar{q}^j(y)^{\mathrm{T}}\bar{z}^j - q_0^j(y)z_0^j \leqslant 0\}. \tag{5.4}$$

又 $\mathcal{T}_Q(q(y)) = \times_{j=1}^J \mathcal{T}_{Q_{s_j+1}}(q^j(y))$, 则结论成立.

(2) 当 $q^j(y) \in \mathrm{int}Q_{s_j+1}$ 或 $q^j(y) = 0$, 由法锥和切锥的关系知, 结论成立. 当 $q^j(y) \in \mathrm{bd}Q_{s_j+1} \setminus \{0\}$, 证明结论成立即可. 首先证明 "$\subseteq$" 关系成立, 也就是, 若 $d^j \in \mathcal{N}_{Q_{s_j+1}}(q^j(y))$, 则 $d^j = k\hat{q}^j(y), k \leqslant 0$. 由 $\mathcal{N}_{Q_{s_j+1}}(q^j(y)) = \widehat{\mathcal{N}}_{Q_{s_j+1}}(q^j(y)) = \mathcal{T}_{Q_{s_j+1}}(q^j(y))^\circ$, 得到 $\langle d^j, z^j \rangle \leqslant 0$, 其中 $z^j \in \mathcal{T}_{Q_{s_j+1}}(q^j(y))$. 由式 (5.4) 中的 $z^j \in \mathcal{T}_{Q_{s_j+1}}(q^j(y))$ 知

$$\left\langle (q_0^j(y), -\bar{q}^j(y)), (z_0^j, \bar{z}^j) \right\rangle \geqslant 0,$$

则 $d^j = k\hat{q}^j(y), k \leqslant 0$. 因此 "$\subseteq$" 关系成立. 下面证明 "$\supseteq$" 关系, 也就是, 当 $q^j(y) \in \mathrm{bd}Q_{s_j+1} \setminus \{0\}$, 且当 $d^j = k\hat{q}^j(y)$, $k \leqslant 0$, 则 $d^j \in \mathcal{N}_{Q_{s_j+1}}(q^j(y))$. 当 $q^j(y) \in \mathrm{bd}Q_{s_j+1} \setminus \{0\}$, 由式 (5.4), 得到 $\mathcal{T}_{Q_{s_j+1}}(q^j(y)) = \{(-q_0^j(y), \bar{q}^j(y))\}^\circ$. 由 $\mathcal{T}_{Q_{s_j+1}}(q^j(y))^\circ = \widehat{\mathcal{N}}_{Q_{s_j+1}}(q^j(y)) = \mathcal{N}_{Q_{s_j+1}}(q^j(y))$ 知

$$\mathcal{N}_{Q_{s_j+1}}(q^j(y)) = \{(-q_0^j(y), \bar{q}^j(y))\}^{\circ\circ} = \mathrm{cone}\{(-q_0^j(y), \bar{q}^j(y))\}.$$

当 $k \leqslant 0$, 有 $d^j = k\hat{q}^j(y) = (kq_0^j(y), -k\bar{q}^j(y)) \in \mathrm{cone}\{(-q_0^j(y), \bar{q}^j(y))\}$, 即 $d^j \in \mathcal{N}_{Q_{s_j+1}}(q^j(y))$. 则 "$\supseteq$" 关系成立, 证明完毕.

令 $\bar{y} \in \mathbb{R}^m$, $q(\bar{y}) \in Q$, 若 $\mathcal{J}q(\bar{y})$ 具有行满秩, 对任意充分接近 $\bar{y}$ 的可行点 y, 有 $q(y) \in Q$ 和 $\mathcal{J}q(y)$ 具有行满秩. 由命题 1.5 知, 基本约束规范

$$\left.\begin{array}{r} \mathcal{J}q(y)^{\mathrm{T}}u = 0 \\ u \in \mathcal{N}_Q(q(y)) \end{array}\right\} \Longrightarrow u = 0$$

成立且 $\mathcal{N}_\Omega(y) = \mathcal{J}q(y)^{\mathrm{T}}\mathcal{N}_Q(q(y))$, 其中任意的 y 充分接近 $\bar{y}$.

为简化标记, 令

$$\Phi(y) := \mathcal{J}q(y)^{\mathrm{T}}\mathcal{N}_Q(q(y)), \tag{5.5}$$

根据法锥的鲁棒性和 q 的连续性知 $\Phi: \mathbb{R}^m \rightrightarrows \mathbb{R}^m$ 在 $\bar{y}$ 附近具有闭图. 则广义方程可以等价地写为

$$0 \in G(x, y) + \Phi(y). \tag{5.6}$$

为简便起见, 令 $p(y) := \mathcal{J}q(y)$. 在引理 5.1 已经建立了二阶锥 Q 的法锥, 下面的引理给出了 Φ 的具体形式.

引理 5.2 令 $q(\bar{y}) \in Q$, 映射 Φ 由式(5.5) 给出, 假设 $p(\bar{y})$ 具有行满秩, 则对任意的 $\bar{y} \in \Phi$,

$$\Phi(\bar{y}) = p(\bar{y})^{\mathrm{T}} \mathcal{N}_Q(q(\bar{y}))$$

$$= \left\{ p(\bar{y})^{\mathrm{T}} d^* \in \mathbb{R}^m \;\middle|\; \begin{array}{ll} d^{*j} = 0, & \text{若 } q^j(\bar{y}) \in \mathrm{int} Q_{s_j+1}, \\ d^{*j} \in -Q_{s_j+1}, & \text{若 } q^j(\bar{y}) = 0, \\ d^{*j} = k\hat{q}^j(\bar{y}), k \leqslant 0, & \text{若 } q^j(\bar{y}) \in \mathrm{bd} Q_{s_j+1} \setminus \{0\} \end{array} \right\}$$

成立.

为了具体描述二阶锥的法锥的图, 结合引理 5.1 中的法锥形式, 对指标集 $\{1, 2, \cdots, J\}$ 分类, 即

$$I_1 = \{j \mid q^j(\bar{y}) = 0, -d^{*j} \in \mathrm{bd} Q_{s_j+1} \setminus \{0\}\},$$

$$I_2 = \{j \mid d^{*j} = 0, q^j(\bar{y}) \in \mathrm{bd} Q_{s_j+1} \setminus \{0\}\},$$

$$I_3 = \{j \mid q^j(\bar{y}) = 0, -d^{*j} \in \mathrm{int} Q_{s_j+1}\},$$

$$I_4 = \{j \mid d^{*j} = 0, q^j(\bar{y}) \in \mathrm{int} Q_{s_j+1}\},$$

$$I_5 = \{j \mid q^j(\bar{y}) = d^{*j} = 0\},$$

$$I_6 = \{j \mid q^j(\bar{y}) \in \mathrm{bd} Q_{s_j+1} \setminus \{0\}, -d^{*j} \in \mathrm{bd} Q_{s_j+1} \setminus \{0\}, q^j(\bar{y}) = \mathbb{R}_{--}\hat{d}^{*j}\},$$

记 $N = N_1 \cup N_2 = \{1, 2, \cdots, J\}$, $N_1 = I_1 \cup I_3 \cup I_6$, $N_2 = N \setminus N_1$. 事实上, 令 $j \in \{1, 2, \cdots, J\}$, 从引理 5.1 知, 当 $q^j(\bar{y}) \in \mathrm{int} Q_{s_j+1}$, $d^{*j} = 0$ 成立, 因此记此指标集为 I_4. 当 $q^j(\bar{y}) = 0$, 有 $d^{*j} \in -Q_{s_j+1}$. 因此, $d^{*j} \in -\mathrm{int} Q_{s_j+1}$ 或 $d^{*j} \in -\mathrm{bd} Q_{s_j+1} \setminus \{0\}$ 或 $d^{*j} = 0$, 记这些指标集为 I_1, I_3, I_6. 当 $q^j(\bar{y}) \in \mathrm{bd} Q_{s_j+1} \setminus \{0\}$, $d^{*j} = k\hat{q}^j(\bar{y}), k \leqslant 0$ 成立. 若 $k = 0$, 则 $d^{*j} = 0$, 记此指标集为 I_2. 若 $k < 0$, 则 $d^{*j} = k\hat{q}^j(\bar{y}) = (kq_0^j(\bar{y}), -k\bar{q}^j(\bar{y}))$ 且 $\hat{d}^{*j} = (kq_0^j(\bar{y}), k\bar{q}^j(\bar{y})) = kq^j(\bar{y})$, 即 $q^j(\bar{y}) = \mathbb{R}_{--}\hat{d}^{*j}$, 因此记此指标集为 I_6.

令 $z \in \mathbb{R}^{s_j+1}$, $j = 1, 2, \cdots, J$, z 有如下分解:

$$z = \lambda_1(z)c_1(z) + \lambda_2 c_2(z), \tag{5.7}$$

其中, 对 $i = 1, 2$, $\lambda_i = z_0 + (-1)^i \|\bar{z}\|$ 且

$$
c_i(z) = \begin{cases} \dfrac{1}{2} \left(1, (-1)^i \dfrac{\bar{z}}{\|\bar{z}\|} \right)^{\mathrm{T}}, & \text{若 } \bar{z} \neq 0, \\[3mm] \dfrac{1}{2} (1, (-1)^i w)^{\mathrm{T}}, & \text{若 } \bar{z} = 0, \end{cases}
$$

其中, w 是 $\mathbb{R}^{s_j}$ 中的向量, 满足 $\|w\| = 1$. z 的行列式为 $\det(z) = \lambda_1(z)\lambda_2(z) = z_0^2 - \|\bar{z}\|$. 令 $S(z) := \Pi_{Q_{s_j+1}}(z)$ 为 z 在二阶锥 Q_{s_j+1} 上的投影. 下面的定理给出了正则伴同导数 $\widehat{D}^*S(z)$ 的具体形式.

定理 5.1 [77]　向量 $z \in \mathbb{R}^{s_j+1}$, $j = 1, 2, \cdots, J$, 有如式(5.7) 的若当分解. 令 $u^* \in \mathbb{R}^{s_j+1}$, 则下面结论成立.

(1) 若 $\det(z) \neq 0$, 则

$$
\widehat{D}^*S(z)(u^*) = \{ S'(z)u^* \}.
$$

(2) 若 $\det(z) = 0$ 且 $\lambda_2(z) \neq 0$, 也就是, $z \in \mathrm{bd}Q_{s_j+1}\backslash\{0\}$, 则

$$
\widehat{D}^*S(z)(u^*) = \{ z^* \in \mathbb{R}^{s_j+1} \,|\, u^* - z^* \in \mathbb{R}_+ c_1(z), \langle z^*, c_1(z) \rangle \geqslant 0 \}.
$$

(3) 若 $\det(z) = 0$ 且 $\lambda_1(z) \neq 0$, 也就是, $z \in \mathrm{bd}(-Q_{s_j+1})\backslash\{0\}$, 则

$$
\widehat{D}^*S(z)(u^*) = \{ z^* \in \mathbb{R}^{s_j+1} \,|\, z^* \in \mathbb{R}_+ c_2(z), \langle u^* - z^*, c_2(z) \rangle \geqslant 0 \}.
$$

(4) 若 $\det(z) = 0$ 且 $\lambda_1(z) = \lambda_2(z) = 0$, 也就是, $z = 0$, 则

$$
\widehat{D}^*S(z)(u^*) = \{ z^* \in \mathbb{R}^{s_j+1} \,|\, z^* \in Q_{s_j+1}, u^* - z^* \in Q_{s_j+1} \}.
$$

为了得到 Φ 的伴同导数, 需要计算法锥的图的正则法锥和极限法锥.

定理 5.2　令 $(q(\bar{y}), d^*) \in \mathrm{gph}\mathcal{N}_Q$, 假设 $\mathcal{J}q(\bar{y})$ 具有行满秩, 则下面结论成立.
1)

$$
\widehat{\mathcal{N}}_{\mathrm{gph}\mathcal{N}_Q}(q(\bar{y}), d^*)
$$
$$
= \left\{ (\alpha, \beta) \in \mathbb{R}^s \times \mathbb{R}^s \,\middle|\, \begin{array}{ll} \alpha^j \in (\mathbb{R}_- \hat{d}^{*j})^\circ, \ \beta^j \in \mathbb{R}_- \hat{d}^{*j}, & j \in I_1, \\ \alpha^j \in \mathbb{R}_- \hat{q}^j(\bar{y}), \ \beta^j \in (\mathbb{R}_- \hat{q}^j(\bar{y}))^\circ, & j \in I_2, \\ \alpha^j \in \mathbb{R}^{s_j+1}, \ \beta^j = 0, & j \in I_3, \\ \alpha^j = 0, \ \beta^j \in \mathbb{R}^{s_j+1}, & j \in I_4, \\ \alpha^j \in -Q_{s_j+1}, \ \beta^j \in Q_{s_j+1}, & j \in I_5, \\ \alpha^j \in \mathbb{R}\hat{q}^j(\bar{y}), \ \beta^j \in \mathbb{R}\hat{d}^{*j}, & j \in I_6 \end{array} \right\}.
$$

2)

$$\mathcal{N}_{\mathrm{gph}\mathcal{N}_Q}(q(\bar{y}), d^*)$$

$$= \left\{ (\alpha, \beta) \in \mathbb{R}^s \times \mathbb{R}^s \left| \begin{array}{ll} \alpha^j \in (\mathbb{R}_-\hat{d}^{*j})^\circ,\ \beta^j \in \mathbb{R}_-\hat{d}^{*j}\ \text{或} & \\ \alpha^j \in \mathbb{R}^{s_j+1},\ \beta^j = 0, & j \in I_1, \\ \alpha^j \in \mathbb{R}_-\hat{q}^j(\bar{y}),\ \beta^j \in (\mathbb{R}_-\hat{q}^j(\bar{y}))^\circ\ \text{或} & \\ \alpha^j = 0,\ \beta^j \in \mathbb{R}^{s_j+1}, & j \in I_2, \\ \alpha^j \in \mathbb{R}^{s_j+1},\ \beta^j = 0, & j \in I_3, \\ \alpha^j = 0,\ \beta^j \in \mathbb{R}^{s_j+1}, & j \in I_4, \\ \alpha^j \in \mathbb{R}^{s_j+1},\ \beta^j = 0\ \text{或} & \\ \alpha^j = 0,\ \beta^j \in \mathbb{R}^{s_j+1}\ \text{或} & \\ \alpha^j \in -Q_{s_j+1},\ \beta^j \in Q_{s_j+1}\ \text{或} & \\ \alpha^j \in (\mathbb{R}_-\xi)^\circ,\ \beta^j \in \mathbb{R}_-\xi, \xi \in K\ \text{或} & \\ \alpha^j \in \mathbb{R}_-\eta,\ \beta^j \in (\mathbb{R}_-\eta)^\circ, \eta \in K\ \text{或} & \\ \alpha^j \in \mathbb{R}(1, -z),\ \beta^j \in \mathbb{R}(1, z), & \\ \|z\| = 1,\ z \in \mathbb{R}^{s_j}, & j \in I_5, \\ \alpha^j \in \mathbb{R}\hat{q}^j(\bar{y}),\ \beta^j \in \mathbb{R}\hat{d}^{*j}, & j \in I_6, \end{array} \right. \right\}.$$

其中, $K := \left\{ \dfrac{1}{2}(1, z) \,\middle|\, z \in \mathbb{R}^{s_j}, \|z\| = 1 \right\}$ 且 $j = 1, 2, \cdots, J$.

证明 1) 由于 $\mathrm{gph}\mathcal{N}_Q$ 是闭的, 由文献 [1] 中命题 6.41 知 $\mathcal{N}_{\mathrm{gph}\mathcal{N}_Q}(q(y), d) = \times_{j=1}^J \mathcal{N}_{\mathrm{gph}\mathcal{N}_{Q_{s_j+1}}}(q^j(y), d^j)$. 又因为 Q_{s_j+1} 是凸的且是闭的, 以下公式成立:

$$\mathcal{N}_{Q_{s_j+1}}(q^j(y)) = \widehat{\mathcal{N}}_{Q_{s_j+1}}(q^j(y)), \tag{5.8}$$

$$\widehat{\mathcal{N}}_{Q_{s_j+1}}(q^j(y)) = \mathcal{T}_{Q_{s_j+1}}(q^j(y))^\circ. \tag{5.9}$$

由文献 [132] 知

$$\mathcal{T}_{Q_{s_j+1}}(q^j(y)) = \mathrm{cl}\mathcal{R}_{Q_{s_j+1}}(q^j(y)), \tag{5.10}$$

式中, $\mathcal{R}_{Q_{s_j+1}}(q^j(y)) = Q_{s_j+1} + [|q^j(y)|]$ 是雷达锥且 $[|q^j(y)|] = \{tq^j(y) \,|\, t \in \mathbb{R}\}$ 是由 $q^j(y)$ 产生的线性空间. 由式 (5.8)~ 式 (5.10) 得

$$\mathcal{N}_{Q_{s_j+1}}(q^j(y)) = [\mathrm{cl}\mathcal{R}_{Q_{s_j+1}}(q^j(y))]^\circ,$$

也就是

$$\mathcal{N}_{Q_{s_j+1}}(q^j(y)) = Q_{s_j+1}^\circ \cap [|q^j(y)|]^\perp = \{d^j \in Q_{s_j+1}^\circ \,|\, \langle d^j, q^j(y) \rangle = 0\}.$$

又 $Q^\circ_{s_j+1} = -Q_{s_j+1}$, 有以下公式成立:

$$\mathcal{N}_{Q_{s_j+1}}(q^j(y)) = \{d^j \in -Q_{s_j+1} \,|\, \langle d^j, q^j(y) \rangle = 0\}.$$

因此, $\mathcal{N}_{Q_{s_j+1}}$ 在 $q^j(y)$ 的图可以写为

$$\begin{aligned} \text{gph}\mathcal{N}_{Q_{s_j+1}} = \{&(q^j(y), d^j) \in \mathbb{R}^{s_j+1} \times \mathbb{R}^{s_j+1} \,|\, q^j(y) \in Q_{s_j+1}, \\ &d^j \in -Q_{s_j+1}, \langle q^j(y), d^j \rangle = 0\}. \end{aligned} \tag{5.11}$$

此外,

$$q^j(y) \in Q_{s_j+1}, d^j \in -Q_{s_j+1}, \langle q^j(y), -d^j \rangle = 0 \tag{5.12}$$

等价于

$$d^j + \Pi_{Q_{s_j+1}}(-d^j - q^j(y)) = 0. \tag{5.13}$$

事实上,

$$d^j \in \mathcal{N}_{Q_{s_j+1}}(q^j(y)) \Leftrightarrow q^j(y) \in \mathcal{N}_{Q^\circ_{s_j+1}}(d^j),$$

即 $q^j(y) \in \mathcal{N}_{-Q_{s_j+1}}(d^j)$, 相应地, 可以得到

$$q^j(y) \in \mathcal{N}_{-Q_{s_j+1}}(d^j) \Leftrightarrow -q^j(y) \in \mathcal{N}_{Q_{s_j+1}}(-d^j).$$

进一步地, $-q^j(y) - d^j - (-d^j) \in \mathcal{N}_{Q_{s_j+1}}(-d^j)$ 成立. 由法锥和投影的关系知, 式 (5.13) 成立. 因此, 式 (5.12) 和式 (5.13) 是等价的. 由此, 式 (5.11) 等价于

$$\text{gph}\mathcal{N}_{Q_{s_j+1}} = \{(q^j(y), d^j) \in \mathbb{R}^{s_j+1} \times \mathbb{R}^{s_j+1} \,|\, (-d^j - q^j(y), -d^j) \in \text{gph}\Pi_{Q_{s_j+1}}\}.$$

令 $w = (w_1, w_2), F(w) = (-w_1 - w_2, -w_2)$, 则

$$\text{gph}\mathcal{N}_{Q_{s_j+1}} = \{w \in \mathbb{R}^{s_j+1} \times \mathbb{R}^{s_j+1} \,|\, F(w) \in \text{gph}\Pi_{Q_{s_j+1}}\}.$$

又 $\mathcal{J}q(\bar{y})$ 具有行满秩, 命题 1.5 中的约束规范成立. 由命题 1.5 知

$$\widehat{\mathcal{N}}_{\text{gph}\mathcal{N}_{Q_{s_j+1}}}(q^j(\bar{y}), d^{*j}) = \mathcal{J}F(q^j(\bar{y}), d^{*j})^{\mathrm{T}} \widehat{\mathcal{N}}_{\text{gph}\Pi_{Q_{s_j+1}}}(F(q^j(\bar{y}), d^{*j})).$$

取 $(\alpha^j, \beta^j) \in \widehat{\mathcal{N}}_{\text{gph}\mathcal{N}_{Q_{s_j+1}}}(q^j(\bar{y}), d^{*j})$, $(u^j, v^j) \in \widehat{\mathcal{N}}_{\text{gph}\Pi_{Q_{s_j+1}}}(F(q^j(\bar{y}), d^{*j}))$, 则

$$\begin{pmatrix} \alpha^j \\ \beta^j \end{pmatrix} = \begin{pmatrix} -I & 0 \\ -I & -I \end{pmatrix} \begin{pmatrix} u^j \\ v^j \end{pmatrix} = \begin{pmatrix} -u^j \\ -u^j - v^j \end{pmatrix}.$$

由式 (1.5) 知 $u^j \in \widehat{D}^* \Pi_{Q_{s_j+1}}(F(q^j(\bar{y}), d^{*j}))(-v^j)$. 令 $z^j = -q^j(\bar{y}) - d^{*j}$, $u^j \in \widehat{D}^* \Pi_{Q_{s_j+1}}(z^j)(-v^j)$, 我们从以下几种情况计算正则法锥 $\widehat{\mathcal{N}}_{\text{gph}\mathcal{N}_{Q_{s_j+1}}}$.

(1) 若 $j \in I_1$, 有 $q^j(\bar{y}) = 0, -d^{*j} \in \mathrm{bd}Q_{s_j+1}\backslash\{0\}$. 则 $z^j = -d^{*j} \in \mathrm{bd}Q_{s_j+1}\backslash\{0\}$, 由定理 5.1 (2) 知, $-u^j - v^j \in \mathbb{R}_+ c_1(z^j) \langle u^j, c_1(z^j)\rangle \geqslant 0$ 成立. 则 $-u^j - v^j \in \mathbb{R}_- \hat{d}^{*j}, u^j \in (\mathbb{R}_+ \hat{d}^{*j})^\circ$, 因此 $\alpha^j \in \mathbb{R}_- \hat{d}^{*j}, \beta^j \in (\mathbb{R}_- \hat{d}^{*j})^\circ$.

(2) 若 $j \in I_2, d^{*j} = 0, q^j(\bar{y}) \in \mathrm{bd}Q_{s_j+1}\backslash\{0\}$, 则 $z^j = -q^j(\bar{y}) \in \mathrm{bd}(-Q_{s_j+1})\backslash\{0\}$. 由定理 5.1 (3) 知, $u^j \in \mathbb{R}_+ c_2(z^j), \langle -v^j - u^j, c_2(z^j)\rangle \geqslant 0$ 成立. 经过计算得 $u^j \in \mathbb{R}_+ \hat{q}^j(\bar{y}), -v^j - u^j \in (\mathbb{R}_- \hat{q}^j(\bar{y}))^\circ$ 成立, 因此, $\alpha^j \in \mathbb{R}_- \hat{q}^j(\bar{y}), \beta^j \in (\mathbb{R}_- \hat{q}^j(\bar{y}))^\circ$.

(3) 若 $j \in I_3$, 有 $q^j(\bar{y}) = 0, -d^{*j} \in \mathrm{int}Q_{s_j+1}$, 则 $z^j = -d^{*j} \in \mathrm{int}Q_{s_j+1}$ 和 $\det(z^j) = z_0^2 - \bar{z}^2 > 0$ 成立. 由定理 5.1 (1) 知 $\widehat{D}^* \Pi_{Q_{s_j+1}}(z^j)(-v^j) = \{\Pi'_{Q_{s_j+1}}(z^j)(-v^j)\}$. 又 $\Pi'_{Q_{s_j+1}}(z^j) = I, \widehat{D}^* \Pi_{Q_{s_j+1}}(z^j)(-v^j) = \{-v^j\}$ 成立. 则 $\alpha^j = -u^j = v^j \in \mathbb{R}^{s_j+1}, \beta^j = -u^j - v^j = 0$.

(4) 若 $j \in I_4$, 有 $q^j(\bar{y}) \in \mathrm{int}Q_{s_j+1}, d^{*j} = 0$, 则 $z^j = q^j(\bar{y}) \in \mathrm{int}Q_{s_j+1}$ 和 $\det(z^j) = \lambda_1(z^j)\lambda_2(z^j) > 0$ 成立. 由定理 5.1 (1) 知 $\widehat{D}^* \Pi_{Q_{s_j+1}}(z^j)(-v^j) = \{\Pi'_{Q_{s_j+1}}(z^j)(-v^j)\}$. 又 $\Pi'_{Q_{s_j+1}}(z^j) = 0, \widehat{D}^* \Pi_{Q_{s_j+1}}(z^j)(-v^j) = 0$ 成立. 因此, $\alpha^j = -u^j = 0, \beta^j = -u^j - v^j = -v^j \in \mathbb{R}^{s_j+1}$ 成立.

(5) 若 $j \in I_5$, 有 $q^j(\bar{y}) = d^{*j} = 0$ 和 $z^j = -q^j(\bar{y}) - d^{*j} = 0$. 由定理 5.1 (3) 和 $u^j \in \widehat{D}^* \Pi_{Q_{s_j+1}}(z^j)(-v^j)$ 知, $u^j \in Q_{s_j+1}$ 和 $-v^j - u^j \in Q_{s_j+1}$ 成立, 则 $\alpha^j = -u^j \in -Q_{s_j+1}, \beta^j = -u^j - v^j \in Q_{s_j+1}$.

(6) 若 $j \in I_6$, 有 $q^j(\bar{y}) \in \mathrm{bd}Q_{s_j+1}\backslash\{0\}, -d^{*j} \in \mathrm{bd}Q_{s_j+1}\backslash\{0\}, q^j(\bar{y}) = \mathbb{R}_{--}\hat{d}^{*j}$. 重新记 $d^{*j} = (-kq_0^j(\bar{y}), k\bar{q}^j(\bar{y})), k > 0$, 则 $z^j = -q^j(\bar{y}) - d^{*j} = ((k-1)q_0^j(\bar{y}), -(k+1)\bar{q}^j(\bar{y})), k > 0$ 和 $\det(z^j) > 0$ 成立. 由定理 5.1 (1) 知 $\widehat{D}^* \Pi_{Q_{s_j+1}}(z^j)(-v^j) = \{\Pi'_{Q_{s_j+1}}(z^j)(-v^j)\}$. 又 $u^j \in \Pi'_{Q_{s_j+1}}(z^j)(-v^j), -u^j \in \Pi'_{Q_{s_j+1}}(z^j)v^j$ 成立. 由文献 [77] 可知

$$\Pi'_{Q_{s_j+1}}(z^j) = \frac{1}{2}\left(1 + \frac{z_0^j}{\|\bar{z}^j\|}\right)I + \frac{1}{2}\begin{pmatrix} -\dfrac{z_0^j}{\|\bar{z}^j\|} & \dfrac{(\bar{z}^j)^{\mathrm{T}}}{\|\bar{z}^j\|} \\ \dfrac{\bar{z}^j}{\|\bar{z}^j\|} & -\dfrac{z_0^j}{\|\bar{z}^j\|}\dfrac{\bar{z}^j(\bar{z}^j)^{\mathrm{T}}}{\|\bar{z}^j\|^2} \end{pmatrix}.$$

进一步地, $1 + \dfrac{z_0^j}{\|\bar{z}^j\|} = 1 + \dfrac{(k-1)q_0^j(\bar{y})}{\|(k+1)\bar{q}^j(\bar{y})\|} = 1 + \dfrac{2k}{k+1}$. 则

$$\Pi'_{Q_{s_j+1}}(z^j)v^j = \frac{1}{2}\frac{2k}{k+1}v^j + \frac{1}{2}\begin{pmatrix} -\dfrac{k-1}{k+1} & -\dfrac{(\bar{q}^j(\bar{y}))^{\mathrm{T}}}{\|\bar{q}^j(\bar{y})\|} \\ \dfrac{\bar{q}^j(\bar{y})}{\|\bar{q}^j(\bar{y})\|} & -\dfrac{k-1}{k+1}\dfrac{\bar{q}^j(\bar{y})(\bar{q}^j(\bar{y}))^{\mathrm{T}}}{\|\bar{q}^j(\bar{y})\|^2} \end{pmatrix}v^j$$

$$= \frac{1}{2}\begin{pmatrix} \dfrac{2k}{k+1} v_0^j \\[2mm] \dfrac{2k}{k+1} \bar{v}^j \end{pmatrix} - \frac{1}{2}\begin{pmatrix} \dfrac{k-1}{k+1} v_0^j + \dfrac{(\bar{q}^j(\bar{y}))^{\mathrm{T}} \bar{v}^j}{\|\bar{q}^j(\bar{y})\|} \\[3mm] \dfrac{\bar{q}^j(\bar{y}) v_0^j}{\|\bar{q}^j(\bar{y})\|} + \dfrac{k-1}{k+1} \dfrac{\bar{q}^j(\bar{y})(\bar{q}^j(\bar{y}))^{\mathrm{T}} \bar{v}^j}{\|\bar{q}^j(\bar{y})\|^2} \end{pmatrix}.$$

因此, 我们得到

$$-u_0^j = \frac{1}{2}\left(\frac{2k}{k+1} v_0^j - \frac{k-1}{k+1} v_0^j \right) - \frac{(\bar{q}^j(\bar{y}))^{\mathrm{T}} \bar{v}^j}{\|\bar{q}^j(\bar{y})\|} = \frac{1}{2}\left(v_0^j - \frac{(\bar{q}^j(\bar{y}))^{\mathrm{T}} \bar{v}^j}{\|\bar{q}^j(\bar{y})\|} \right),$$

$$-\bar{u}^j = \frac{1}{2}\left(\frac{2k}{k+1} \bar{v}^j - \frac{\bar{q}^j(\bar{y}) v_0^j}{\|\bar{q}^j(\bar{y})\|} - \frac{k-1}{k+1} \frac{\bar{q}^j(\bar{y})(\bar{q}^j(\bar{y}))^{\mathrm{T}} \bar{v}^j}{\|\bar{q}^j(\bar{y})\|^2} \right).$$

记 $\sigma = \dfrac{(\bar{q}^j(\bar{y}))^{\mathrm{T}} \bar{v}^j}{\|\bar{q}^j(\bar{y})\|^2}$, 即 $\bar{v}^j = \sigma \bar{q}^j(\bar{y})$, 则有

$$-u_0^j = \frac{1}{2}\left(\frac{v_0^j}{\|\bar{q}^j(\bar{y})\|} - \sigma \right) \|\bar{q}^j(\bar{y})\|,$$

$$-\bar{u}^j = \frac{1}{2}\left(\frac{2k}{k+1} \sigma \bar{q}^j(\bar{y}) - \frac{v_0^j}{\|\bar{q}^j(\bar{y})\|} \bar{q}^j(\bar{y}) - \frac{k-1}{k+1} \sigma \bar{q}^j(\bar{y}) \right)$$

$$= \frac{1}{2}\left(\sigma - \frac{v_0^j}{\|\bar{q}^j(\bar{y})\|} \right) \bar{q}^j(\bar{y}).$$

又 $q_0^j(\bar{y}) = \|\bar{q}^j(\bar{y})\|$, $-u^j = (-u_0^j, -\bar{u}^j) \in \mathbb{R}\hat{q}^j(\bar{y})$ 成立. 因此, $\alpha^j = -u^j \in \mathbb{R}\hat{q}^j(\bar{y})$. 同样地, z^j 可以重写为 $z^j = ((k-1)d_0^{*j}, -(k+1)\bar{d}^{*j})$. 由于 $-u^j - v^j = \Pi'_{Q_{s_j+1}}(z^j)(v^j) - v^j$, 经计算知

$$-u_0^j - v_0^j = \frac{1}{2}\left(-\sigma' - \frac{v_0^j}{\|\bar{d}^{*j}\|} \right) \|\bar{d}^{*j}\|,$$

$$-\bar{u}^j - \bar{v}^j = \frac{1}{2}\left(-\sigma' - \frac{v_0^j}{\|\bar{d}^{*j}\|} \right) \bar{d}^{*j},$$

式中, $\sigma' = \dfrac{(\bar{d}^{*j})^{\mathrm{T}} \bar{v}^j}{\|\bar{d}^{*j}\|^2}$. 因为 $-d_0^{*j} = \|\bar{d}^{*j}\|$, $-u^j - v^j \in \mathbb{R}\hat{d}^{*j}$ 成立, 即 $\beta^j = -u^j - v^j$ $\in \mathbb{R}\hat{d}^{*j}$. 因此, 我们得到 $\alpha^j \in \mathbb{R}\hat{q}^j(\bar{y})$, $\beta^j \in \mathbb{R}\hat{d}^{*j}$, $j \in I_6$. 综上, 得到正则法锥 $\widehat{\mathcal{N}}_{\mathrm{gph}\mathcal{N}_{Q_{s_j+1}}}$.

2) 由法锥的定义知

$$\mathcal{N}_{\mathrm{gph}\mathcal{N}_{Q_{s_j+1}}}(q^j(\bar{y}), d^{*j}) = \limsup_{\substack{\mathrm{gph}\mathcal{N}_{Q_{s_j+1}} \\ (q,d) \xrightarrow{\quad} (q^j(\bar{y}), d^{*j})}} \widehat{\mathcal{N}}_{\mathrm{gph}\mathcal{N}_{Q_{s_j+1}}}(q, d),$$

式中, $(q,d) \in \mathrm{gph}\mathcal{N}_{Q_{s_j+1}}$. 由式 (5.11) 和指标集知

$$
\begin{aligned}
\mathcal{N}_{\mathrm{gph}\mathcal{N}_{Q_{s_j+1}}}(q^j(\bar{y}), d^{*j}) = & \limsup_{\substack{(q,d) \xrightarrow[q=0,-d\in\mathrm{bd}Q_{s_j+1}\backslash\{0\}]{\mathrm{gph}\mathcal{N}_{Q_{s_j+1}}} (q^j(\bar{y}),d^{*j})}} \widehat{\mathcal{N}}_{\mathrm{gph}\mathcal{N}_{Q_{s_j+1}}}(q,d) \\
& \bigcup \limsup_{\substack{(q,d) \xrightarrow[d=0,q\in\mathrm{bd}Q_{s_j+1}\backslash\{0\}]{\mathrm{gph}\mathcal{N}_{Q_{s_j+1}}} (q^j(\bar{y}),d^{*j})}} \widehat{\mathcal{N}}_{\mathrm{gph}\mathcal{N}_{Q_{s_j+1}}}(q,d) \\
& \bigcup \limsup_{\substack{(q,d) \xrightarrow[q=0,-d\in\mathrm{int}Q_{s_j+1}]{\mathrm{gph}\mathcal{N}_{Q_{s_j+1}}} (q^j(\bar{y}),d^{*j})}} \widehat{\mathcal{N}}_{\mathrm{gph}\mathcal{N}_{Q_{s_j+1}}}(q,d) \\
& \bigcup \limsup_{\substack{(q,d) \xrightarrow[d=0,q\in\mathrm{int}Q_{s_j+1}]{\mathrm{gph}\mathcal{N}_{Q_{s_j+1}}} (q^j(\bar{y}),d^{*j})}} \widehat{\mathcal{N}}_{\mathrm{gph}\mathcal{N}_{Q_{s_j+1}}}(q,d) \\
& \bigcup \limsup_{\substack{(q,d) \xrightarrow[q=0,d=0]{\mathrm{gph}\mathcal{N}_{Q_{s_j+1}}} (q^j(\bar{y}),d^{*j})}} \widehat{\mathcal{N}}_{\mathrm{gph}\mathcal{N}_{Q_{s_j+1}}}(q,d) \\
& \bigcup \limsup_{\substack{(q,d) \xrightarrow[q\in\mathrm{bd}Q_{s_j+1}\backslash\{0\},-d\in\mathrm{bd}Q_{s_j+1}\backslash\{0\}]{\mathrm{gph}\mathcal{N}_{Q_{s_j+1}}} (q^j(\bar{y}),d^{*j})}} \widehat{\mathcal{N}}_{\mathrm{gph}\mathcal{N}_{Q_{s_j+1}}}(q,d). \quad (5.14)
\end{aligned}
$$

下面从以下几种情况讨论收敛性.

(1) 若 $j \in I_1$, 有 $q^j(\bar{y}) = 0, -d^{*j} \in \mathrm{bd}Q_{s_j+1}\backslash\{0\}$. 当 $(q,d) \xrightarrow{\mathrm{gph}\mathcal{N}_{Q_{s_j+1}}} (q^j(\bar{y}),$ $d^{*j})$, 由式 (5.11) 和指标集知 $q = 0, -d \in \mathrm{bd}Q_{s_j+1}\backslash\{0\}$ 或 $q = 0, -d \in \mathrm{int}Q_{s_j+1}$ 成立. 当 $q = 0, -d \in \mathrm{bd}Q_{s_j+1}\backslash\{0\}$, 有

$$
0 = q \to q^j(\bar{y}) = 0, -\mathrm{bd}Q_{s_j+1}\backslash\{0\} \ni d \to d^j \in -\mathrm{bd}Q_{s_j+1}\backslash\{0\},
$$

这意味着此种情况满足收敛性. 同样地, 我们可以得到, 当 $q = 0, -d \in \mathrm{int}Q_{s_j+1}$ 时, 收敛性成立. 对于其他指标集, 收敛性不成立. 事实上, 当 $q \in \mathrm{bd}Q_{s_j+1}\backslash\{0\}, -d \in \mathrm{bd}Q_{s_j+1}\backslash\{0\}$, 若 $(q,d) \to (q^j(\bar{y}),d^{*j})$, 其中 $q^j(\bar{y}) = 0, -d^{*j} \in \mathrm{bd}Q_{s_j+1}\backslash\{0\}$. 由于 q 和 d 满足 $q = \mathbb{R}_{--}\hat{d}$, 对该等式取极限得

$$
q^j(\bar{y}) = \mathbb{R}_{--}\hat{d}^{*j},
$$

由于 $q \to q^j(\bar{y}) = 0, \hat{d} = (d_0, -\bar{d}) \to \hat{d}^{*j} = (d_0^{*j}, -\bar{d}^{*j}) \neq 0$, 因此上述等式不成立. 所以此种收敛性不成立.

当 $q \in \mathrm{bd}Q_{s_j+1}\backslash\{0\}, d = 0$, 有

$$
\mathrm{bd}Q_{s_j+1}\backslash\{0\} \ni q \to q^j(\bar{y}) = 0, 0 = d \not\to d^j \in -\mathrm{bd}Q_{s_j+1}\backslash\{0\},
$$

这意味着此种情况不满足收敛性. 同样地, 当 $q \in \mathrm{int}Q_{s_j+1}, d = 0$ 和 $q = d = 0$, 收敛性都不成立. 因此, 当 $j \in I_1$, 有 $q = 0, -d \in \mathrm{bd}Q_{s_j+1}\backslash\{0\}$ 或 $q = 0, -d \in \mathrm{int}Q_{s_j+1}$, 因此,

$$
\begin{aligned}
\mathcal{N}_{\mathrm{gph}\mathcal{N}_{Q_{s_j+1}}}(q^j(\bar{y}), d^{*j}) &= \limsup_{\substack{(q,d) \xrightarrow{\mathrm{gph}\mathcal{N}_{Q_{s_j+1}}} (q^j(\bar{y}),d^{*j}) \\ q=0,-d\in\mathrm{bd}Q_{s_j+1}}} \widehat{\mathcal{N}}_{\mathrm{gph}\mathcal{N}_{Q_{s_j+1}}}(q, d) \\
&\bigcup \limsup_{\substack{(q,d) \xrightarrow{\mathrm{gph}\mathcal{N}_{Q_{s_j+1}}} (q^j(\bar{y}),d^{*j}) \\ q=0,-d\in\mathrm{int}Q_{s_j+1}}} \widehat{\mathcal{N}}_{\mathrm{gph}\mathcal{N}_{Q_{s_j+1}}}(q, d) \\
&= \{(\alpha^j, \beta^j) \in \mathbb{R}^{s_j+1} \times \mathbb{R}^{s_j+1} \,|\, \alpha^j \in (\mathbb{R}_-\hat{d}^{*j})^\circ, \\
&\quad \beta^j \in \mathbb{R}_-\hat{d}^{*j} \text{ 或 } \alpha^j \in \mathbb{R}^{s_j+1}, \beta^j = 0\}.
\end{aligned}
$$

(2) 若 $j \in I_2$, 则 $d^{*j} = 0, q^j(\bar{y}) \in \mathrm{bd}Q_{s_j+1}\backslash\{0\}$. 类似与 (1) 中的讨论一样, 得到 $d = 0, q \in \mathrm{bd}Q_{s_j+1}\backslash\{0\}$ 或 $d = 0, q \in \mathrm{int}Q_{s_j+1}$. 因此我们得到

$$
\begin{aligned}
\mathcal{N}_{\mathrm{gph}\mathcal{N}_{Q_{s_j+1}}}(q^j(\bar{y}), d^{*j}) &= \limsup_{\substack{(q,d) \xrightarrow{\mathrm{gph}\mathcal{N}_{Q_{s_j+1}}} (q^j(\bar{y}),d^{*j}) \\ d=0,q\in\mathrm{bd}Q_{s_j+1}\backslash\{0\}}} \widehat{\mathcal{N}}_{\mathrm{gph}\mathcal{N}_{Q_{s_j+1}}}(q, d) \\
&\bigcup \limsup_{\substack{(q,d) \xrightarrow{\mathrm{gph}\mathcal{N}_{Q_{s_j+1}}} (q^j(\bar{y}),d^{*j}) \\ d=0,q\in\mathrm{int}Q_{s_j+1}}} \widehat{\mathcal{N}}_{\mathrm{gph}\mathcal{N}_{Q_{s_j+1}}}(q, d) \\
&= \{(\alpha^j, \beta^j) \in \mathbb{R}^{s_j+1} \times \mathbb{R}^{s_j+1} \,|\, \alpha^j \in \mathbb{R}_-\hat{q}^j(\bar{y}), \\
&\quad \beta^j \in (\mathbb{R}_-\hat{q}^j(\bar{y}))^\circ \text{ 或 } \alpha^j = 0, \beta^j \in \mathbb{R}^{s_j+1}\}.
\end{aligned}
$$

(3) 若 $j \in I_3$, 则 $q^j(\bar{y}) = 0, -d^{*j} \in \mathrm{int}Q_{s_j+1}$. 由式 (5.11) 和式 (5.14) 可以得到 $q = 0, -d \in \mathrm{int}Q_{s_j+1}$. 则得

$$
\begin{aligned}
\mathcal{N}_{\mathrm{gph}\mathcal{N}_{Q_{s_j+1}}}(q^j(\bar{y}), d^{*j}) &= \limsup_{\substack{(q,d) \xrightarrow{\mathrm{gph}\mathcal{N}_{Q_{s_j+1}}} (q^j(\bar{y}),d^{*j}) \\ q=0,-d\in\mathrm{int}Q_{s_j+1}}} \widehat{\mathcal{N}}_{\mathrm{gph}\mathcal{N}_{Q_{s_j+1}}}(q, d) \\
&= \{(\alpha^j, \beta^j) \in \mathbb{R}^{s_j+1} \times \mathbb{R}^{s_j+1} \,|\, \alpha^j \in \mathbb{R}^{s_j+1}, \beta^j = 0\}.
\end{aligned}
$$

(4) 若 $j \in I_4$, 则 $q^j(\bar{y}) \in \mathrm{int}Q_{s_j+1}, d^{*j} = 0$. 与 (3) 类似, 我们可以得到 $q \in \mathrm{int}Q_{s_j+1}, d = 0$. 因此, 得

$$
\begin{aligned}
\mathcal{N}_{\mathrm{gph}\mathcal{N}_{Q_{s_j+1}}}(q^j(\bar{y}), d^{*j}) &= \limsup_{\substack{(q,d) \xrightarrow{\mathrm{gph}\mathcal{N}_{Q_{s_j+1}}} (q^j(\bar{y}),d^{*j}) \\ q\in\mathrm{int}Q_{s_j+1},d=0}} \widehat{\mathcal{N}}_{\mathrm{gph}\mathcal{N}_{Q_{s_j+1}}}(q, d) \\
&= \{(\alpha^j, \beta^j) \in \mathbb{R}^{s_j+1} \times \mathbb{R}^{s_j+1} \,|\, \alpha^j = 0, \beta^j \in \mathbb{R}^{s_j+1}\}.
\end{aligned}
$$

(5) 若 $j \in I_5$, 则 $q^j(\bar{y}) = d^{*j} = 0$. 由式 (5.11) 和式 (5.14) 知, $q = 0, -d \in \mathrm{bd}Q_{s_j+1}\backslash\{0\}$ 或 $q \in \mathrm{bd}Q_{s_j+1}\backslash\{0\}, d = 0$ 或 $q \in \mathrm{int}Q_{s_j+1}, d = 0$ 或 $q = 0, -d \in \mathrm{int}Q_{s_j+1}$ 或 $q = d = 0$ 或 $q \in \mathrm{bd}Q_{s_j+1}\backslash\{0\}, -d \in \mathrm{bd}Q_{s_j+1}\backslash\{0\}$, 因此, 得到

$$
\mathcal{N}_{\mathrm{gph}\mathcal{N}_{Q_{s_j+1}}}(q^j(\bar{y}), d^{*j}) = \limsup_{\substack{(q,d) \xrightarrow{\mathrm{gph}\mathcal{N}_{Q_{s_j+1}}} (q^j(\bar{y}), d^{*j}) \\ q=0, -d \in \mathrm{bd}Q_{s_j+1}\backslash\{0\}}} \widehat{\mathcal{N}}_{\mathrm{gph}\mathcal{N}_{Q_{s_j+1}}}(q, d)
$$

$$
\bigcup \limsup_{\substack{(q,d) \xrightarrow{\mathrm{gph}\mathcal{N}_{Q_{s_j+1}}} (q^j(\bar{y}), d^{*j}) \\ q \in \mathrm{bd}Q_{s_j+1}\backslash\{0\}, d=0}} \widehat{\mathcal{N}}_{\mathrm{gph}\mathcal{N}_{Q_{s_j+1}}}(q, d)
$$

$$
\bigcup \limsup_{\substack{(q,d) \xrightarrow{\mathrm{gph}\mathcal{N}_{Q_{s_j+1}}} (q^j(\bar{y}), d^{*j}) \\ q \in \mathrm{int}Q_{s_j+1}, d=0}} \widehat{\mathcal{N}}_{\mathrm{gph}\mathcal{N}_{Q_{s_j+1}}}(q, d)
$$

$$
\bigcup \limsup_{\substack{(q,d) \xrightarrow{\mathrm{gph}\mathcal{N}_{Q_{s_j+1}}} (q^j(\bar{y}), d^{*j}) \\ q=0, -d \in \mathrm{int}Q_{s_j+1}}} \widehat{\mathcal{N}}_{\mathrm{gph}\mathcal{N}_{Q_{s_j+1}}}(q, d)
$$

$$
\bigcup \limsup_{\substack{(q,d) \xrightarrow{\mathrm{gph}\mathcal{N}_{Q_{s_j+1}}} (q^j(\bar{y}), d^{*j}) \\ q=d=0}} \widehat{\mathcal{N}}_{\mathrm{gph}\mathcal{N}_{Q_{s_j+1}}}(q, d)
$$

$$
\bigcup \limsup_{\substack{(q,d) \xrightarrow{\mathrm{gph}\mathcal{N}_{Q_{s_j+1}}} (q^j(\bar{y}), d^{*j}) \\ q \in \mathrm{bd}Q_{s_j+1}\backslash\{0\}, -d \in \mathrm{bd}Q_{s_j+1}\backslash\{0\}}} \widehat{\mathcal{N}}_{\mathrm{gph}\mathcal{N}_{Q_{s_j+1}}}(q, d)
$$

$$
= \bigcup_{\xi \in K} \{(\alpha^j, \beta^j) \in \mathbb{R}^{s_j+1} \times \mathbb{R}^{s_j+1} \mid \alpha^j \in (\mathbb{R}_-\xi)^\circ, \beta^j \in \mathbb{R}_-\xi\}
$$

$$
\bigcup_{\eta \in K} \{(\alpha^j, \beta^j) \in \mathbb{R}^{s_j+1} \times \mathbb{R}^{s_j+1} \mid \alpha^j \in \mathbb{R}_-\eta, \beta^j \in (\mathbb{R}_-\eta)^\circ\}
$$

$$
\bigcup \{(\alpha^j, \beta^j) \in \mathbb{R}^{s_j+1} \times \mathbb{R}^{s_j+1} \mid \alpha^j \in \mathbb{R}^{s_j+1}, \beta^j = 0\}
$$

$$
\bigcup \{(\alpha^j, \beta^j) \in \mathbb{R}^{s_j+1} \times \mathbb{R}^{s_j+1} \mid \alpha^j = 0, \beta^j \in \mathbb{R}^{s_j+1}\}
$$

$$
\bigcup \{(\alpha^j, \beta^j) \in \mathbb{R}^{s_j+1} \times \mathbb{R}^{s_j+1} \mid \alpha^j \in -Q_{s_j+1}, \beta^j \in Q_{s_j+1}\}
$$

$$
\bigcup_{\|z\|=1} \{(\alpha^j, \beta^j) \in \mathbb{R}^{s_j+1} \times \mathbb{R}^{s_j+1} \mid \alpha^j \in \mathbb{R}(1, -z), \beta^j \in \mathbb{R}(1, z)\},
$$

式中, $K = \left\{\dfrac{1}{2}(1, w) \mid w \in \mathbb{R}^s, \|w\| = 1\right\}$.

(6) 若 $j \in I_6$, 则 $q^j(\bar{y}) \in \mathrm{bd}Q_{s_j+1}\backslash\{0\}, -d^{*j} \in \mathrm{bd}Q_{s_j+1}\backslash\{0\}, q^j(\bar{y}) = \mathbb{R}_{--}\hat{d}^{*j}$, 由式 (5.11) 和式 (5.14) 知, $q \in \mathrm{bd}Q_{s_j+1}\backslash\{0\}, -d \in \mathrm{bd}Q_{s_j+1}\backslash\{0\}$, 因此,

$$\mathcal{N}_{\mathrm{gph}\mathcal{N}_{Q_{s_j+1}}}(q^j(\bar{y}), d^{*j}) = \limsup_{\substack{(q,d) \xrightarrow{\mathrm{gph}\mathcal{N}_{Q_{s_j+1}}} (q^j(\bar{y}), d^{*j}) \\ q\in\mathrm{bd}Q_{s_j+1}\backslash\{0\},\, -d\in\mathrm{bd}Q_{s_j+1}\backslash\{0\}}} \widehat{\mathcal{N}}_{\mathrm{gph}\mathcal{N}_{Q_{s_j+1}}}(q, d)$$

$$= \{(\alpha^j, \beta^j) \in \mathbb{R}^{s_j+1} \times \mathbb{R}^{s_j+1} \,|\, \alpha^j \in \mathbb{R}\hat{q}^j(\bar{y}),\, \beta^j \in \mathbb{R}\hat{d}^{*j}\}.$$

经过上述讨论, 我们得到了 $\mathrm{gph}\mathcal{N}_Q$ 的极限法锥, 定理证明完毕.

下面的定理给出了集值映射的伴同导数的上界估计.

定理 5.3　令 $\bar{v} \in \Phi(\bar{y})$, 假设 $p^{N\backslash I_4}(\bar{y})$ 具有行满秩, 则对所有的 $\eta^* \in \mathbb{R}^m$, 下面的结论成立.

(1)

$$D^*\Phi(\bar{y}, \bar{v})(\eta^*) \subset \bigcup_{\substack{d^* \in \mathcal{N}_Q(q(\bar{y})) \\ p(\bar{y})^{\mathrm{T}}d^* = \bar{v}}} \left(\nabla(p(\bar{y})^{\mathrm{T}}d^*)^{\mathrm{T}}\eta^* + p(\bar{y})^{\mathrm{T}}D^*\mathcal{N}_Q(q(\bar{y}), d^*)(p(\bar{y})\eta^*)\right).$$

(2) 进一步地, 令 $s \in D^*\mathcal{N}_Q(q(\bar{y}), d^*)(p(\bar{y})\eta^*)$, 则有

$$D^*\Phi(\bar{y}, \bar{v})(\eta^*) \subset \bigcup_{\substack{d^* \in \mathcal{N}_Q(q(\bar{y})) \\ p(\bar{y})^{\mathrm{T}}d^* = \bar{v}}} \left(\sum_{j\in N_1} \nabla^2 q^j(\bar{y})d^{*j}\eta^* + \sum_{j\in N} p^j(\bar{y})^{\mathrm{T}}s^j\right),$$

$$s^j \in (\mathbb{R}_-\hat{d}^{*j})^\circ,\, p^j(\bar{y})\eta^* \in \mathbb{R}_+\hat{d}^{*j} \ \text{或}\ s^j \in \mathbb{R}^{s_j+1},\, p^j(\bar{y})\eta^* = 0, j \in I_1,$$

$$s^j \in \mathbb{R}_-\hat{q}^j(\bar{y}),\, -p^j(\bar{y})\eta^* \in (\mathbb{R}_-\hat{q}^j(\bar{y}))^\circ \ \text{或}\ \alpha^j = 0,\, p^j(\bar{y})\eta^* \in \mathbb{R}^{s_j+1}, j \in I_2,$$

$$s^j \in \mathbb{R}^{s_j+1},\, p^j(\bar{y})\eta^* = 0, j \in I_3,$$

$$s^j = 0,\, p^j(\bar{y})\eta^* \in \mathbb{R}^{s_j+1}, j \in I_4,$$

$$s^j \in \mathbb{R}^{s_j+1},\, p^j(\bar{y})\eta^* = 0 \ \text{或}\ s^j = 0,\, p^j(\bar{y})\eta^* \in \mathbb{R}^{s_j+1} \ \text{或}$$

$$s^j \in -Q_{s_j+1},\, p^j(\bar{y})\eta^* \in -Q_{s_j+1} \ \text{或}$$

$$s^j \in (\mathbb{R}_-\xi)^\circ,\, p^j(\bar{y})\eta^* \in \mathbb{R}_+\xi,\, \xi \in K \ \text{或}$$

$$s^j \in \mathbb{R}_-\eta,\, -p^j(\bar{y})\eta^* \in (\mathbb{R}_-\eta)^\circ,\, \eta \in K \ \text{或}$$

$$s^j \in \mathbb{R}(1, -z),\, p^j(\bar{y})\eta^* \in \mathbb{R}(1, z),\, \|z\| = 1,\, z \in \mathbb{R}^{s_j}, j \in I_5,$$

$$s^j \in \mathbb{R}\hat{q}^j(\bar{y}),\, p^j(\bar{y})\eta^* \in \mathbb{R}\hat{d}^{*j}, j \in I_6.$$

证明　(1) 首先, 根据文献 [59] 中定理 3.1, 我们只需证明映射 $\mathcal{M} : \mathbb{R}^{2s} \rightrightarrows \mathbb{R}^m \times \mathbb{R}^s$,

$$\mathcal{M}(\vartheta) = \{(y, d) \in \mathbb{R}^m \times \mathbb{R}^s \,|\, (q(y), d)^{\mathrm{T}} + \vartheta \in \mathrm{gph}\mathcal{N}_Q\} \tag{5.15}$$

在点 $(0_{2s}, \bar{y}, d^*)$ 处是平稳的. 由式 (1.7) 知, 只需证明 $D^*\mathcal{M}(0_{2s}, \bar{y}, d^*)(0) = \{0\}$, 因

此要估计 gph$\mathcal{M}$ 的法锥. 映射 $\mathcal{M}$ 的图为

$$\mathrm{gph}\mathcal{M} = \left\{ (\vartheta_1, \vartheta_2, y, d) \in \mathbb{R}^s \times \mathbb{R}^s \times \mathbb{R}^m \times \mathbb{R}^s \,\middle|\, \begin{pmatrix} q(y) + \vartheta_1 \\ d + \vartheta_2 \end{pmatrix} \in \mathrm{gph}\mathcal{N}_Q \right\}.$$

令 $\mathcal{R}(\vartheta_1, \vartheta_2, y, d) := (q(y) + \vartheta_1, d + \vartheta_2)^{\mathrm{T}}$, 首先我们验证在没有任何假设之下, 对映射 $\mathcal{M}$, 基本约束规范在点 $(0_{2s}, \bar{y}, d^*)$ 处成立. 假设存在 $\omega \in \mathbb{R}^s \times \mathbb{R}^s$ 使得

$$\mathcal{JR}(0_{2s}, \bar{y}, d^*)^{\mathrm{T}}\omega = 0, \quad \omega \in \mathcal{N}_{\mathrm{gph}\mathcal{N}_Q}(\mathcal{R}(0_{2s}, \bar{y}, d^*)),$$

则

$$\mathcal{JR}(0_{2s}, \bar{y}, d^*)^{\mathrm{T}}\omega = \begin{pmatrix} I_s & 0 & p(\bar{y}) & 0 \\ 0 & I_s & 0 & I_s \end{pmatrix}^{\mathrm{T}} \omega = 0$$

成立, 由此可得 $\omega = 0$. 因此, 从命题 1.5 知

$$\mathcal{N}_{\mathrm{gph}\mathcal{M}}(0_{2s}, \bar{y}, d^*) \subset \mathcal{JR}(0_{2s}, \bar{y}, d^*)^{\mathrm{T}}\mathcal{N}_{\mathrm{gph}\mathcal{N}_Q}(\mathcal{R}(0_{2s}, \bar{y}, d^*)). \tag{5.16}$$

假设存在 $v \in D^*\mathcal{M}(0_{2s}, \bar{y}, d^*)(0)$, 由式 (1.6) 得

$$(v, 0) \in \mathcal{N}_{\mathrm{gph}\mathcal{M}}(0_{2s}, \bar{y}, d^*). \tag{5.17}$$

由式 (5.16) 和式 (5.17) 得

$$(v, 0) \in \mathcal{JR}(0_{2s}, \bar{y}, d^*)^{\mathrm{T}}\mathcal{N}_{\mathrm{gph}\mathcal{N}_Q}(\mathcal{R}(0_{2s}, \bar{y}, d^*)).$$

则存在 $\zeta \in \mathcal{N}_{\mathrm{gph}\mathcal{N}_Q}(\mathcal{R}(0_{2s}, \bar{y}, d^*))$ 满足 $(v, 0) = \mathcal{JR}(0_{2s}, \bar{y}, d^*)^{\mathrm{T}}\zeta$. 因此,

$$v = \zeta, \quad \begin{pmatrix} p(\bar{y})^{\mathrm{T}} & 0 \\ 0 & I_s \end{pmatrix}\zeta = 0 \tag{5.18}$$

成立, 且存在 $\rho \in \mathbb{R}^s$ 使得

$$\zeta = \begin{pmatrix} \rho \\ 0 \end{pmatrix} \in \mathcal{N}_{\mathrm{gph}\mathcal{N}_Q}(\mathcal{R}(0_{2s}, \bar{y}, d^*)), \quad p(\bar{y})^{\mathrm{T}}\rho = 0. \tag{5.19}$$

由定理 5.2 知 $j \in I_4$, $\rho^j = 0$. 此外, 矩阵 $p^{N \backslash I_4}(\bar{y})$ 具有行满秩, 则 $\rho^{N \backslash I_4} = 0$. 因此, 成立 $\rho = 0$. 由式 (5.17)$\sim$ 式 (5.19) 得 $v = 0$, 即 $D^*\mathcal{M}(0_{2s}, \bar{y}, d^*)(0) = \{0\}$, $\mathcal{M}$ 在点 $(0_{2s}, \bar{y}, d^*)$ 处是平稳的. 将文献 [59] 中定理 3.1 应用到 Φ, 得到

$$D^*\Phi(\bar{y}, \bar{v})(\eta^*) \subset \bigcup_{\substack{d^* \in \mathcal{N}_Q(q(\bar{y})) \\ p(\bar{y})^{\mathrm{T}}d^* = \bar{v}}} \left[\nabla(p(\bar{y})^{\mathrm{T}}d^*)^{\mathrm{T}}\eta^* + p(\bar{y})^{\mathrm{T}}D^*\mathcal{N}_Q(q(\bar{y}), d^*)(p(\bar{y})\eta^*) \right].$$

(2) 令 $s \in D^*\mathcal{N}_Q(q(\bar{y}), d^*)(p(\bar{y})\eta^*)$, 由式 (1.5) 可得

$$(s, -p(\bar{y})\eta^*) \in \mathcal{N}_{\text{gph}\mathcal{N}_Q}(q(\bar{y}), d^*). \tag{5.20}$$

由式 (5.20) 和定理 5.2 可得

$$D^*\varPhi(\bar{y}, \bar{v})(\eta^*) \subset \bigcup_{\substack{d^* \in \mathcal{N}_{Q(q(\bar{y}))} \\ p(\bar{y})^{\mathrm{T}} d^* = \bar{v}}} \left(\sum_{j \in N_1} \nabla^2 q^j(\bar{y}) d^{*j}\eta^* + \sum_{j \in N} p^j(\bar{y})^{\mathrm{T}} s^j \right),$$

$$s^j \in (\mathbb{R}_-\hat{d}^{*j})^{\circ}, \, p^j(\bar{y})\eta^* \in \mathbb{R}_+\hat{d}^{*j} \text{ 或 } s^j \in \mathbb{R}^{s_j+1}, \, p^j(\bar{y})\eta^* = 0, j \in I_1,$$

$$s^j \in \mathbb{R}_-\hat{q}^j(\bar{y}), \, -p^j(\bar{y})\eta^* \in (\mathbb{R}_-\hat{q}^j(\bar{y}))^{\circ} \text{ 或 } \alpha^j = 0, \, p^j(\bar{y})\eta^* \in \mathbb{R}^{s_j+1}, j \in I_2,$$

$$s^j \in \mathbb{R}^{s_j+1}, \, p^j(\bar{y})\eta^* = 0, j \in I_3,$$

$$s^j = 0, \, p^j(\bar{y})\eta^* \in \mathbb{R}^{s_j+1}, j \in I_4,$$

$$s^j \in \mathbb{R}^{s_j+1}, \, p^j(\bar{y})\eta^* = 0$$

$$\text{或 } s^j = 0, \, p^j(\bar{y})\eta^* \in \mathbb{R}^{s_j+1} \text{ 或 } s^j \in -Q_{s_j+1}, \, p^j(\bar{y})\eta^* \in -Q_{s_j+1} \text{ 或}$$

$$s^j \in (\mathbb{R}_-\xi)^{\circ}, \, p^j(\bar{y})\eta^* \in \mathbb{R}_+\xi, \, \xi \in K \text{ 或 } s^j \in \mathbb{R}_-\eta, \, -p^j(\bar{y})\eta^* \in (\mathbb{R}_-\eta)^{\circ}, \, \eta \in K \text{ 或}$$

$$s^j \in \mathbb{R}(1, -z), \, p^j(\bar{y})\eta^* \in \mathbb{R}(1, z), \, \|z\| = 1, \, z \in \mathbb{R}^{s_j}, j \in I_5,$$

$$s^j \in \mathbb{R}\hat{q}^j(\bar{y}), \, p^j(\bar{y})\eta^* \in \mathbb{R}\hat{d}^{*j}, j \in I_6.$$

5.3　最优性条件

本节主要得到问题 (VOP) 的最优性条件. 在分离函数假设下, 将问题 (VOP) 转化为单目标优化问题. 首先给出分离函数的一些结果.

引理 5.3[14]　$K \subset \mathbb{R}^l$ 是具有非空内部的闭凸锥, 则对任意的 $e \in \text{int}K$, 函数 $\phi_e : \mathbb{R}^l \to \mathbb{R}$,

$$\phi_e(w) = \inf\{\lambda \in \mathbb{R} \,|\, w \in \lambda e - K\}$$

是连续的、次线性的, 严格-$\text{int}K$-单调, 此外,

(1) 对每个 $\lambda \in \mathbb{R}$, 成立

$$\{w \,|\, \phi_e(w) \leqslant \lambda\} = \lambda e - K, \quad \{w \,|\, \phi_e(w) < \lambda\} = \lambda e - \text{int}K;$$

(2)

$$\partial\phi_e(w) \subset K^*;$$

(3) 对 $w \in \mathbb{R}^l$, $\partial\phi_e(w) \neq \varnothing$ 成立, 且

$$\partial\phi_e(w) = \{w^* \in K^* \,|\, \langle w^*, e \rangle = 1, \langle w^*, w \rangle = 1\}.$$

问题 (VOP) 的标量化问题为

$$\text{(SVOP)} \qquad \begin{aligned} &\min\ \phi_e(\varphi(x,y) - \varphi(\bar{x},\bar{y})) \\ &\text{s. t. }\ (x,y) \in B. \end{aligned}$$

下面的定理给出了问题 (VOP) 和 (SVOP) 的解之间的关系.

定理 5.4 假设 $(\bar{x},\bar{y}) \in B$ 是(VOP) 的弱 Pareto 有效解, 则 $(\bar{x},\bar{y})$ 是(SVOP) 的最小解.

证明 在引理 5.3 中取 $K = \mathbb{R}^l_+$, $\{z \mid \phi_e(z) < 0\} = -\text{int}\mathbb{R}^l_+$ 成立. 因为 $(\bar{x},\bar{y})$ 是 (VOP) 的弱 Pareto 有效解, 由式 (2.2) 知, 对任意 $(x,y) \in B$, $\varphi(x,y) - \varphi(\bar{x},\bar{y}) \notin -\text{int}\mathbb{R}^l_+$ 成立, 则

$$\phi_e(\varphi(x,y) - \varphi(\bar{x},\bar{y})) \geqslant 0, \forall (x,y) \in B.$$

由于 $\phi_e(0) = 0$, 则

$$\phi_e(\varphi(x,y) - \varphi(\bar{x},\bar{y})) \geqslant 0 = \phi_e(\varphi(\bar{x},\bar{y}) - \varphi(\bar{x},\bar{y})),$$

因此 $(\bar{x},\bar{y})$ 是问题 (SVOP) 的最小解.

在给出问题 (VOP) 的最优性条件之前, 引入 Lagrangian 映射 $\mathcal{L} : \mathbb{R}^n \times \mathbb{R}^m \times \mathbb{R}^s \to \mathbb{R}^m$,

$$\mathcal{L}(x,y,d) = G(x,y) + p(y)^{\mathrm{T}}d, \tag{5.21}$$

记 $\Lambda(x,y) = \{d \in S(y) \mid \mathcal{L}(x,y,d) = 0\}$, 其中 $S(y) = \mathcal{N}_Q(q(y))$. 一个约束规范可以保证辅助集值映射的平稳性, 参见文献 [100]、[133]、[134]. 下面给出一个假设.

假设 5.1 线性无关约束成立, 即矩阵

$$\begin{pmatrix} \mathcal{J}_{x,y}\mathcal{L}(\bar{x},\bar{y},d^*) \\ p^{N \setminus I_4}(\bar{y}) \end{pmatrix}$$

具有行满秩.

定理 5.5 $(\bar{x},\bar{y})$ 是(VOP) 的弱 Pareto 有效解. 假设 φ_i 是 Lipschitz 连续的, G 是连续可微的且 $\bar{v} := -G(\bar{x},\bar{y})$. $q^j, j = 1,2,\cdots,J$ 是二次连续可微的. 假设 ∇G 具有行满秩且假设5.1 成立. 则对每个 $d^* \in \Lambda(\bar{x},\bar{y})$, 存在 $\mu = (\mu_1,\mu_2,\cdots,\mu_l)^{\mathrm{T}} \neq 0$ 和 $\eta^* \in \mathbb{R}^m$ 使得

$$0 \in \sum_{i=1}^l \mu_i \partial \varphi_i(\bar{x},\bar{y}) + \nabla G(\bar{x},\bar{y})^{\mathrm{T}}\eta^* + D^*\Phi(\bar{y},\bar{v})(\eta^*).$$

进一步地, 在定理 5.3 之下, 得到

$$0 \in \sum_{i=1}^l \mu_i \partial \varphi_i(\bar{x},\bar{y}) + \nabla G(\bar{x},\bar{y})^{\mathrm{T}}\eta^* + \sum_{j \in N_1} \nabla^2 q^j(\bar{y})d^{*j}\eta^* + \sum_{j \in N} p^j(\bar{y})^{\mathrm{T}}s^j. \tag{5.22}$$

$s^j \in (\mathbb{R}_- \hat{d}^{*j})^\circ,\ p^j(\bar{y})\eta^* \in \mathbb{R}_+ \hat{d}^{*j}$ 或 $s^j \in \mathbb{R}^{s_j+1},\ p^j(\bar{y})\eta^* = 0, j \in I_1,$

$s^j \in \mathbb{R}_- \hat{q}^j(\bar{y}),\ -p^j(\bar{y})\eta^* \in (\mathbb{R}_- \hat{q}^j(\bar{y}))^\circ$ 或 $\alpha^j = 0,\ p^j(\bar{y})\eta^* \in \mathbb{R}^{s_j+1}, j \in I_2,$

$s^j \in \mathbb{R}^{s_j+1},\ p^j(\bar{y})\eta^* = 0, j \in I_3,$

$s^j = 0,\ p^j(\bar{y})\eta^* \in \mathbb{R}^{s_j+1}, j \in I_4,$

$s^j \in \mathbb{R}^{s_j+1},\ p^j(\bar{y})\eta^* = 0$ 或 $s^j = 0,\ p^j(\bar{y})\eta^* \in \mathbb{R}^{s_j+1}$ 或

$s^j \in -Q_{s_j+1},\ p^j(\bar{y})\eta^* \in -Q_{s_j+1}$ 或

$s^j \in (\mathbb{R}_- \xi)^\circ,\ p^j(\bar{y})\eta^* \in \mathbb{R}_+ \xi,\ \xi \in K$ 或 $s^j \in \mathbb{R}_- \eta,\ -p^j(\bar{y})\eta^* \in (\mathbb{R}_- \eta)^\circ, \eta \in K$ 或

$s^j \in \mathbb{R}(1, -z),\ p^j(\bar{y})\eta^* \in \mathbb{R}(1, z),\ \|z\| = 1,\ z \in \mathbb{R}^{s_j}, j \in I_5,$

$s^j \in \mathbb{R}\hat{q}^j(\bar{y}),\ p^j(\bar{y})\eta^* \in \mathbb{R}\hat{d}^{*j}, j \in I_6.$

证明　因为 $(\bar{x}, \bar{y})$ 是 (VOP) 的弱 Pareto 有效解, 由定理 5.4 知, 它是 (SVOP) 的最小解, 则 $(\bar{x}, \bar{y})$ 是问题 $\min \phi_e(\varphi(x, y) - \varphi(\bar{x}, \bar{y})) + \delta_B(x, y)$ 的解, 其中 $\delta_B(x, y)$ 是指示函数, 也就是, $\delta_B(x, y) = 0$, 若 $(x, y) \in B$; 否则 $\delta_B(x, y) = +\infty$. 因此我们得到最优性条件:

$$0 \in \partial \phi_e(\varphi(\cdot, \cdot) - \varphi(\bar{x}, \bar{y}))(\bar{x}, \bar{y}) + \mathcal{N}_B(\bar{x}, \bar{y}). \tag{5.23}$$

由引理 1.1 知, 存在 $\mu \in \partial \phi_e(0)$ 使得 $0 \in \partial \langle \mu, \varphi \rangle(\bar{x}, \bar{y}) + \mathcal{N}_B(\bar{x}, \bar{y})$. 由引理 5.3 和次微分法则知, 存在 $0 \neq \mu \in \mathbb{R}^l$ 满足

$$0 \in \sum_{i=1}^{l} \mu_i \partial \varphi_i(\bar{x}, \bar{y}) + \mathcal{N}_B(\bar{x}, \bar{y}). \tag{5.24}$$

接下来估计集合 B 的法锥. 记 $\Xi(x) = \{y \in \mathbb{R}^m \mid 0 \in G(x, y) + \Phi(y)\}$ 为解映射. 对 $(x^*, y^*) \in \mathbb{R}^n \times \mathbb{R}^m$, 有

$$(x^*, y^*) \in \mathcal{N}_B(\bar{x}, \bar{y}) \Leftrightarrow (x^*, y^*) \in \mathcal{N}_{\mathrm{gph}\Xi}(\bar{x}, \bar{y}). \tag{5.25}$$

进一步地, 由式 (1.5) 可得

$$(x^*, y^*) \in \mathcal{N}_{\mathrm{gph}\Xi}(\bar{x}, \bar{y}) \Leftrightarrow x^* \in D^*\Xi(\bar{x}, \bar{y})(-y^*). \tag{5.26}$$

从文献 [3] 中定理 4.46 可知

$$D^*\Xi(\bar{x}, \bar{y})(-y^*)$$
$$= \{x^* \in \mathbb{R}^n \mid \exists \eta^* \in \mathbb{R}^m \text{ 使得 } (x^*, y^*) \in \nabla G(\bar{x}, \bar{y})^\mathrm{T} \eta^* + D^*\Phi(\bar{x}, \bar{y}, \bar{v})(\eta^*)\}. \tag{5.27}$$

当 $\mathcal{P}$ 在点 $(0_m, 0_{2s}, \bar{x}, \bar{y}, d)$ 是平稳的且 $\nabla G(\bar{x}, \bar{y})$ 具有行满秩, 其中映射 $\mathcal{P} : \mathbb{R}^m \times \mathbb{R}^s \times \mathbb{R}^s \rightrightarrows \mathbb{R}^m \times \mathbb{R}^m \times \mathbb{R}^s$ 的定义为

$$\mathcal{P}(z, \vartheta) = \{(x, y, d) \in \mathbb{R}^n \times \mathbb{R}^m \times \mathbb{R}^s \mid \mathcal{L}(x, y, d) + z = 0\} \cap \widetilde{\mathcal{M}}(\vartheta), \tag{5.28}$$

式中, $\widetilde{\mathcal{M}}(\vartheta) := \{(x,y,d) \in \mathbb{R}^n \times \mathbb{R}^m \times \mathbb{R}^s \,|\, (\vartheta,y,d) \in \mathrm{ghp}\mathcal{M}\}$ 和 $\mathcal{M}(\vartheta)$ 在式 (5.15) 中给出. 接下来我们验证映射 $\mathcal{P}$ 的平稳性. 由式 (1.7) 知, 只需证明

$$D^*\mathcal{P}(0_m, 0_{2s}, \bar{x}, \bar{y}, d^*)(0) = \{0\}. \tag{5.29}$$

假设 $w \in D^*\mathcal{P}(0_m, 0_{2s}, \bar{x}, \bar{y}, d^*)(0)$, 由伴同导数的定义知, 存在 $(w,0) \in \mathcal{N}_{\mathrm{gph}\mathcal{P}}(0_m, 0_{2s}, \bar{x}, \bar{y}, d^*)$.

注意基本约束规范对映射 $\mathcal{P}$ 在点 $(0_m, 0_{2s}, \bar{x}, \bar{y}, d^*)$ 是成立的. 事实上, 由式 (5.28) 知, 映射 $\mathcal{P}$ 的图为

$$\mathrm{gph}\mathcal{P} = \Big\{ (z, \vartheta_1, \vartheta_2, x, y, d) \in \mathbb{R}^m \times \mathbb{R}^s \times \mathbb{R}^s \times \mathbb{R}^n \times \mathbb{R}^m \times \mathbb{R}^s \,|$$
$$\mathcal{H}(z, \vartheta_1, \vartheta_2, x, y, d) \in \{0\}_m \times \mathrm{gph}\mathcal{N}_Q \Big\},$$

式中, $\mathcal{H}(z, \vartheta_1, \vartheta_2, x, y, d) := (\mathcal{L}(x,y,d) + z, q(y) + \vartheta_1, d + \vartheta_2)^{\mathrm{T}}$. 假设存在 $\lambda \in \mathbb{R}^m \times \mathbb{R}^s \times \mathbb{R}^s$ 满足

$$\mathcal{J}\mathcal{H}(0_m, 0_{2s}, \bar{x}, \bar{y}, d^*)^{\mathrm{T}}\lambda = 0, \quad \lambda \in \mathcal{N}_{\{0\}_m \times \mathrm{gph}\mathcal{N}_Q}(\mathcal{H}(0_m, 0_{2s}, \bar{x}, \bar{y}, d^*)),$$

则可以得到

$$\mathcal{J}\mathcal{H}(0_m, 0_{2s}, \bar{x}, \bar{y}, d^*)^{\mathrm{T}}\lambda = \begin{pmatrix} I_m & 0 & 0 & \mathcal{J}_{x,y}\mathcal{L}(\bar{x}, \bar{y}, d^*) & p(\bar{y}) \\ 0 & I_s & 0 & p(\bar{y}) & 0 \\ 0 & 0 & I_s & 0 & I_s \end{pmatrix}^{\mathrm{T}} \lambda = 0,$$

这意味着 $\lambda = 0$, 基本约束规范在点 $(0_m, 0_{2s}, \bar{x}, \bar{y}, d^*)$ 处成立. 因此, 由命题 1.5 知,

$$\mathcal{N}_{\mathrm{gph}\mathcal{P}}(0_m, 0_{2s}, \bar{x}, \bar{y}, d^*) \subset \mathcal{J}\mathcal{H}(0_m, 0_{2s}, \bar{x}, \bar{y}, d^*)^{\mathrm{T}}\mathcal{N}_{\{0\}_m \times \mathrm{gph}\mathcal{N}_Q}(\mathcal{H}(0_m, 0_{2s}, \bar{x}, \bar{y}, d^*)). \tag{5.30}$$

所以, 我们得到

$$(w, 0) \in \mathcal{J}\mathcal{H}(0_m, 0_{2s}, \bar{x}, \bar{y}, d^*)^{\mathrm{T}}\mathcal{N}_{\{0\}_m \times \mathrm{gph}\mathcal{N}_Q}(\mathcal{H}(0_m, 0_{2s}, \bar{x}, \bar{y}, d^*)),$$

存在 $\xi \in \mathcal{N}_{\{0\}_m \times \mathrm{gph}\mathcal{N}_Q}(\mathcal{H}(0_m, 0_{2s}, \bar{x}, \bar{y}, d^*))$ 满足

$$\begin{pmatrix} w \\ 0 \end{pmatrix} = \begin{pmatrix} I_m & 0 & 0 & \mathcal{J}_{x,y}\mathcal{L}(\bar{x}, \bar{y}, d^*) & p(\bar{y}) \\ 0 & I_s & 0 & p(\bar{y}) & 0 \\ 0 & 0 & I_s & 0 & I_s \end{pmatrix}^{\mathrm{T}} \xi,$$

这意味着

$$w = \xi, \quad \begin{pmatrix} \mathcal{J}_{x,y}\mathcal{L}(\bar{x}, \bar{y}, d^*)^{\mathrm{T}} & p(\bar{y})^{\mathrm{T}} & 0 \\ p(\bar{y})^{\mathrm{T}} & 0 & I_s \end{pmatrix} \xi = 0.$$

因此成立

$$\begin{pmatrix} \mathcal{J}_{x,y}\mathcal{L}(\bar{x},\bar{y},d^*)^{\mathrm{T}} & p(\bar{y})^{\mathrm{T}} & 0 \\ p(\bar{y})^{\mathrm{T}} & 0 & I_s \end{pmatrix} w = 0.$$

式中, $w \in \mathcal{N}_{\{0\}_m \times \mathrm{gph}\mathcal{N}_Q}(\mathcal{H}(0_m, 0_{2s}, \bar{x}, \bar{y}, d^*))$. 进一步地, 存在 $w = (w_1, w_2, w_3) \in \mathbb{R}^m \times \mathcal{N}_{\mathrm{gph}\mathcal{N}_Q}(q(\bar{y}), d^*)$ 满足

$$\mathcal{J}_{x,y}\mathcal{L}(\bar{x},\bar{y},d^*)^{\mathrm{T}}w_1 + p(\bar{y})^{\mathrm{T}}w_2 = 0, p(\bar{y})^{\mathrm{T}}w_1 + w_3 = 0.$$

当 $j \in I_4$, 由定理 5.2 知 $w_2^j = 0$, 则 $\mathcal{J}_{x,y}\mathcal{L}(\bar{x},\bar{y},d^*)^{\mathrm{T}}w_1^j = 0$. 因为 $d^{*j} = 0, j \in I_4$, 成立 $\mathcal{J}_{x,y}\mathcal{L}(\bar{x},\bar{y},d^*)^{\mathrm{T}}w_1^j = \nabla G(\bar{x},\bar{y})^{\mathrm{T}}w_1^j = 0$. 因为 ∇G 具有行满秩, $w_1^j = 0$ 成立, 由 $p(\bar{y})^{\mathrm{T}}w_1 + w_3 = 0$ 知 $w_3^j = 0$. 因此, 若 $j \in I_4$, 则 $w_i^j = 0, i = 1, 2, 3$. 当 $j \in N \backslash I_4$, 由假设 5.1 知, $w^{N\backslash I_4} = 0$ 成立, 所以得到 $w = 0$, 因此式 (5.29) 成立. 由式 (5.24)∼ 式 (5.27) 知

$$0 \in \sum_{i=1}^{l} \mu_i \partial\varphi_i(\bar{x},\bar{y}) + \nabla G(\bar{x},\bar{y})^{\mathrm{T}}\eta^* + D^*\Phi(\bar{y},\bar{v})(\eta^*).$$

进一步地, 由定理 5.3 中的 $D^*\Phi(\bar{y},\bar{v})(\eta^*)$ 可知

$$0 \in \sum_{i=1}^{l} \mu_i \partial\varphi_i(\bar{x},\bar{y}) + \nabla G(\bar{x},\bar{y})^{\mathrm{T}}\eta^* + \sum_{j \in N_1} \nabla^2 q^j(\bar{y})d^{*j}\eta^* + \sum_{j \in N} p^j(\bar{y})^{\mathrm{T}}s^j.$$

$s^j \in (\mathbb{R}_-\hat{d}^{*j})^{\circ}, p^j(\bar{y})\eta^* \in \mathbb{R}_+\hat{d}^{*j}$ 或 $s^j \in \mathbb{R}^{s_j+1}, p^j(\bar{y})\eta^* = 0, j \in I_1,$

$s^j \in \mathbb{R}_-\hat{q}^j(\bar{y}), -p^j(\bar{y})\eta^* \in (\mathbb{R}_-\hat{q}^j(\bar{y}))^{\circ}$ 或

$\alpha^j = 0, p^j(\bar{y})\eta^* \in \mathbb{R}^{s_j+1}, j \in I_2,$

$s^j \in \mathbb{R}^{s_j+1}, p^j(\bar{y})\eta^* = 0, j \in I_3,$

$s^j = 0, p^j(\bar{y})\eta^* \in \mathbb{R}^{s_j+1}, j \in I_4,$

$s^j \in \mathbb{R}^{s_j+1}, p^j(\bar{y})\eta^* = 0$ 或 $s^j = 0, p^j(\bar{y})\eta^* \in \mathbb{R}^{s_j+1}$ 或

$s^j \in -Q_{s_j+1}, p^j(\bar{y})\eta^* \in -Q_{s_j+1}$ 或

$s^j \in (\mathbb{R}_-\xi)^{\circ}, p^j(\bar{y})\eta^* \in \mathbb{R}_+\xi, \xi \in K$ 或

$s^j \in \mathbb{R}_-\eta, -p^j(\bar{y})\eta^* \in (\mathbb{R}_-\eta)^{\circ}, \eta \in K$ 或

$s^j \in \mathbb{R}(1, -z), p^j(\bar{y})\eta^* \in \mathbb{R}(1, z), \|z\| = 1, z \in \mathbb{R}^{s_j}, j \in I_5,$

$s^j \in \mathbb{R}\hat{q}^j(\bar{y}), p^j(\bar{y})\eta^* \in \mathbb{R}\hat{d}^{*j}, j \in I_6.$

注 5.1 下面给出问题 (VOP) 的一些注释.

(1) 将多目标规划转化为单目标规划有很多标量化方法. 分离函数方法是常用的评价函数之一, 其他的评价函数方法还有平方函数方法、权值方法、线性权重和方法、最小-最大方法和理想点法等. 评价函数方法不仅包括了已存在的方法而且还包括其他根据特定问题而构造的新方法.

(2) 对问题 (VOP), 定理 5.3 中的包含关系在多面体假设之下, 即 $G(x,y)$, $q^j(y)$ 是仿射的, K_{w_j} 是多面体, 是自然成立的. 一般情况下, 若映射 Φ 的图是非凸的, 定理 5.3 的等式在映射是不成立的. 假设 5.1 中的线性无关约束规范保证了映射 $\mathcal{P}$ 的平稳性, 其他保证式 (5.27) 中的 "⊂" 关系成立的条件是广义方程

$$0 \in \nabla G(\bar{x}, \bar{y})^{\mathrm{T}} \eta + D^* \Phi(\bar{y}, -G(\bar{x}, \bar{y}))(\eta)$$

只有解 $\eta = 0$, 参见文献 [3] 中定理 4.46.

考虑下面的向量双层规划问题:

$$\begin{aligned} &\min \ g(x,y) \\ &\text{s. t. } y \in S(x) = \arg\min_y \{f(x,y) \mid q^j(y) \in K_{w_j}, j = 1, 2, \cdots, J\}, \end{aligned} \tag{5.31}$$

式中, $K_{w_j} = Q_{s_j+1}$. 令 $\mathcal{L}(x, y, d) = \nabla f(x, y) + p(y)^{\mathrm{T}} d$, 我们得到如下的最优性条件.

推论 5.1 $(\bar{x}, \bar{y})$ 是问题(5.31) 的弱 Pareto 有效解. 假设 g_i 是 Lipschitz 连续的. $q^j, j = 1, 2, \cdots, J$ 和 f 是二次连续可微的. 假设 $\nabla^2 f$ 具有行满秩且假设5.1 成立. 则对每个 $d^* \in \Lambda(\bar{x}, \bar{y})$, 存在 $\mu \neq 0$ 和 $\eta^* \in \mathbb{R}^m$ 满足

$$0 \in \sum_{i=1}^{l} \mu_i \partial \varphi_i(\bar{x}, \bar{y}) + \nabla^2 f(\bar{x}, \bar{y})^{\mathrm{T}} \eta^* + \sum_{j \in N_1} \nabla^2 q^j(\bar{y}) d^{*j} \eta^* + \sum_{j \in N} p^j(\bar{y})^{\mathrm{T}} s^j.$$

$s^j \in (\mathbb{R}_- \hat{d}^{*j})^\circ, \ p^j(\bar{y})\eta^* \in \mathbb{R}_+ \hat{d}^{*j}$ 或 $s^j \in \mathbb{R}^{s_j+1}, \ p^j(\bar{y})\eta^* = 0, j \in I_1$,

$s^j \in \mathbb{R}_- \hat{q}^j(\bar{y}), \ -p^j(\bar{y})\eta^* \in (\mathbb{R}_- \hat{q}^j(\bar{y}))^\circ$ 或 $\alpha^j = 0, \ p^j(\bar{y})\eta^* \in \mathbb{R}^{s_j+1}, j \in I_2$,

$s^j \in \mathbb{R}^{s_j+1}, \ p^j(\bar{y})\eta^* = 0, j \in I_3$,

$s^j = 0, \ p^j(\bar{y})\eta^* \in \mathbb{R}^{s_j+1}, j \in I_4$,

$s^j \in \mathbb{R}^{s_j+1}, \ p^j(\bar{y})\eta^* = 0$ 或 $s^j = 0, \ p^j(\bar{y})\eta^* \in \mathbb{R}^{s_j+1}$ 或

$s^j \in -Q_{s_j+1}, \ p^j(\bar{y})\eta^* \in -Q_{s_j+1}$ 或

$s^j \in (\mathbb{R}_- \xi)^\circ, \ p^j(\bar{y})\eta^* \in \mathbb{R}_+ \xi, \xi \in K$ 或

$s^j \in \mathbb{R}_- \eta, \ -p^j(\bar{y})\eta^* \in (\mathbb{R}_- \eta)^\circ, \eta \in K$ 或

$s^j \in \mathbb{R}(1, -z), \ p^j(\bar{y})\eta^* \in \mathbb{R}(1, z), \|z\| = 1, z \in \mathbb{R}^{s_j}, j \in I_5$,

$s^j \in \mathbb{R}\hat{q}^j(\bar{y}), \ p^j(\bar{y})\eta^* \in \mathbb{R}\hat{d}^{*j}, j \in I_6$.

证明　对问题 (5.31), 由 $y \in S(x)$ 的最优性条件知 $0 \in \nabla f(x, y) + \mathcal{N}_\Omega(y)$, 则式 (5.31) 等价于

$$\min \ g(x, y)$$
$$\text{s. t. } 0 \in \nabla f(x, y) + \mathcal{N}_\Omega(y).$$

令 $G(x, y) = \nabla f(x, y)$, 由定理 5.5 知, 结论成立.

5.4　严格互补条件下的最优性条件

在这一节中, 当严格互补条件成立时, 我们建立问题 (VOP) 的最优性条件. 严格互补条件即为下面的假设 5.2.

假设 5.2　严格互补条件成立, 也就是

$$-d^{*j} + q^j(\bar{y}) \in \text{int} Q_{s_j+1}, j = 1, 2, \cdots, J,$$

即 $I_1 \cap I_2 \cap I_5 = \varnothing$.

类似于定理 5.3, 在假设 5.2 之下给出了映射 Φ 的伴同导数的上界估计.

定理 5.6　假设 $p^{I_3 \cup I_6}(\bar{y})$ 具有行满秩且假设 5.2 成立, 则 $\mathcal{M}$ 在点 $(0_{2s}, \bar{y}, d^*)$ 处是平稳的且 $d^* \in \Lambda(\bar{x}, \bar{y})$. 进一步地, 对每个 $\eta^* \in \mathbb{R}^m$, 成立

$$D^*\Phi(\bar{y}, \bar{v})(\eta^*) \subset \bigcup_{d^* \in \Lambda(\bar{x}, \bar{y})} \sum_{j \in I_3 \cup I_4 \cup I_6} \left(\nabla^2 q^j(\bar{y}) d^{*j} \eta^* + p^j(\bar{y})^{\mathrm{T}} s^j \right),$$

$$s^j \in \mathbb{R}^{s_j+1}, p^j(\bar{y})\eta^* = 0, j \in I_3,$$

$$s^j = 0, p^j(\bar{y})\eta^* \in \mathbb{R}^{s_j+1}, j \in I_4,$$

$$s^j \in \mathbb{R}\hat{q}^j(\bar{y}), p^j(\bar{y})\eta^* \in \mathbb{R}\hat{d}^{*j}, j \in I_6.$$

证明　首先, 当 $p^{I_3 \cup I_6}(\bar{y})$ 具有行满秩时, 验证映射 $\mathcal{M}$ 的平稳性. 类似于定理 5.3 的证明, 可以得到, 在假设 5.2 之下, 映射 $\mathcal{M}$ 在点 $(0_{2s}, \bar{y}, d^*)$ 处的基本约束规范是成立的. 取 $v \in D^*\mathcal{M}(0_{2s}, \bar{y}, d^*)(0)$, 有

$$(v, 0) \in \mathcal{N}_{\text{gph}\mathcal{M}}(0_{2s}, \bar{y}, d^*) \subset \mathcal{J}\mathcal{R}(0_{2s}, \bar{y}, d^*)^{\mathrm{T}} \mathcal{N}_{\text{gph}\mathcal{N}_Q}(\mathcal{R}(0_{2s}, \bar{y}, d^*)).$$

则存在 $\zeta \in \mathcal{N}_{\text{gph}\mathcal{N}_Q}(\mathcal{R}(0_{2s}, \bar{y}, d^*))$ 满足

$$v = \zeta, \begin{pmatrix} p(\bar{y})^{\mathrm{T}} & 0 \\ 0 & I_s \end{pmatrix} \zeta = 0,$$

这意味着存在 $\rho \in \mathbb{R}^s$ 满足

$$\zeta = \begin{pmatrix} \rho \\ 0 \end{pmatrix} \in \mathcal{N}_{\text{gph}\mathcal{N}_Q}(q(\bar{y}), d^*), \ p(\bar{y})^{\mathrm{T}}\rho = 0.$$

由式 (1.5) 知 $j \in I_4$, $\rho^j = 0$. 由于 $p^{I_3 \cup I_6}(\bar{y})$ 具有行满秩, 则 $\rho^{I_3 \cup I_6} = 0$ 且 $v = 0$. 因此, $D^*\mathcal{M}(0_{2s}, \bar{y}, d^*)(0) = \{0\}$, 即 $\mathcal{M}$ 在点 $(0_{2s}, \bar{y}, d^*)$ 处是平稳的. 因此, 我们得到

$$D^*\Phi(\bar{y}, \bar{v})(\eta^*) \subset \bigcup_{d^* \in \Lambda(\bar{x}, \bar{y})} \left[\nabla(p(\bar{y})^T d^*)^T \eta^* + p(\bar{y})^T D^*\mathcal{N}_Q(q(\bar{y}), d^*)(p(\bar{y})\eta^*) \right].$$

当假设 5.2 成立时, 有 $I_1 \cap I_2 \cap I_5 = \varnothing$, 结合式 (1.5) 和定理 5.2, 可以得到

$$D^*\Phi(\bar{y}, \bar{v})(\eta^*) \subset \bigcup_{d^* \in \Lambda(\bar{x}, \bar{y})} \sum_{j \in I_3 \cup I_4 \cup I_6} \left[\nabla^2 q^j(\bar{y}) d^{*j} \eta^* + p^j(\bar{y})^T s^j \right],$$

$$s^j \in \mathbb{R}^{s_j+1}, \ p^j(\bar{y})\eta^* = 0, j \in I_3,$$

$$s^j = 0, \ p^j(\bar{y})\eta^* \in \mathbb{R}^{s_j+1}, j \in I_4,$$

$$s^j \in \mathbb{R}\hat{q}^j(\bar{y}), \ p^j(\bar{y})\eta^* \in \mathbb{R}\hat{d}^{*j}, j \in I_6.$$

接下来我们给出严格互补条件下问题 (VOP) 的最优性条件. 假设 5.1 中的约束规范简化为下面的假设 5.3.

假设 5.3 线性无关约束成立, 即矩阵

$$\begin{pmatrix} J_{x,y}\mathcal{L}(\bar{x}, \bar{y}, d^*) \\ p^{I_3 \cup I_6}(\bar{y}) \end{pmatrix}$$

具有行满秩.

定理 5.7 $(\bar{x}, \bar{y})$ 是问题 (VOP) 的弱 Pareto 有效解. 假设 φ_i 是 Lipschitz 连续的且 G 是连续可微的. $q^j, j = 1, 2, \cdots, J$ 是二次连续可微的. 假设 ∇G 具有行满秩且假设 5.2、假设 5.3 成立, 则对 $d^* \in \Lambda(\bar{x}, \bar{y})$, 存在 $\mu \neq 0$ 和 $\eta^* \in \mathbb{R}^m$ 使得

$$0 \in \sum_{i=1}^{l} \mu_i \partial\varphi_i(\bar{x}, \bar{y}) + \nabla G(\bar{x}, \bar{y})^T \eta^* + \sum_{j \in I_3 \cup I_4 \cup I_6} \left[\nabla^2 q^j(\bar{y}) d^{*j} \eta^* + p^j(\bar{y})^T s^j \right].$$

$$s^j \in \mathbb{R}^{s_j+1}, \ p^j(\bar{y})\eta^* = 0, j \in I_3,$$

$$s^j = 0, \ p^j(\bar{y})\eta^* \in \mathbb{R}^{s_j+1}, j \in I_4,$$

$$s^j \in \mathbb{R}\hat{q}^j(\bar{y}), \ p^j(\bar{y})\eta^* \in \mathbb{R}\hat{d}^{*j}, j \in I_6.$$

$$\tag{5.32}$$

证明 从定理 5.5 可知, 在假设 5.2 之下映射 $\mathcal{P}$ 是平稳的, 则

$$0 \in \sum_{i=1}^{l} \mu_i \partial\varphi_i(\bar{x}, \bar{y}) + \nabla G(\bar{x}, \bar{y})^T \eta^* + D^*\Phi(\bar{y}, \bar{v})(\eta^*). \tag{5.33}$$

因此只需验证在假设 5.2 和假设 5.3 之下, 映射 $\mathcal{P}$ 是平稳的. 类似地同定理 5.5 一样, 在假设 5.2 之下, $\mathcal{P}$ 在点 $(0_m, 0_{2s}, \bar{x}, \bar{y}, d^*)$ 处满足基本约束规范. 假设 $w \in$

$D^*\mathcal{P}(0_m, 0_{2s}, \bar{x}, \bar{y}, d^*)(0)$, 由式 (5.30) 知

$$(w, 0) \in \mathcal{J}\mathcal{H}(0_m, 0_{2s}, \bar{x}, \bar{y}, d^*)^{\mathrm{T}} \mathcal{N}_{\{0\}_m \times \mathrm{gph}\mathcal{N}_Q}(\mathcal{H}(0_m, 0_{2s}, \bar{x}, \bar{y}, d^*)).$$

从定理 5.5 可知, 存在 $w = (w_1, w_2, w_3) \in \mathbb{R}^m \times \mathcal{N}_{\mathrm{gph}\mathcal{N}_Q}(q(\bar{y}), d^*)$ 满足

$$\mathcal{J}_{x,y}\mathcal{L}(\bar{x}, \bar{y}, d^*)^{\mathrm{T}} w_1 + p(\bar{y})^{\mathrm{T}} w_2 = 0, p(\bar{y})^{\mathrm{T}} w_1 + w_3 = 0.$$

同定理 5.5 一样, 可以得到 $j \in I_4$, $w_i^j = 0$, $i = 1, 2, 3$. 另外, 由假设 5.3 可得 $w^{I_3 \cup I_6} = 0$. 因此, 我们可以得到 $w = 0$, 这意味着 $D^*\mathcal{P}(0_m, 0_{2s}, \bar{x}, \bar{y}, d^*)(0) = \{0\}$. 所以, $\mathcal{P}$ 在点 $(0_m, 0_{2s}, \bar{x}, \bar{y}, d^*)$ 是平稳的. 由定理 5.6 和式 (5.33) 可得

$$0 \in \sum_{i=1}^{l} \mu_i \partial \varphi_i(\bar{x}, \bar{y}) + \nabla G(\bar{x}, \bar{y})^{\mathrm{T}} \eta^* + \sum_{j \in I_3 \cup I_4 \cup I_6} (\nabla^2 q^j(\bar{y}) d^{*j} \eta^* + p^j(\bar{y})^{\mathrm{T}} s^j).$$

$$s^j \in \mathbb{R}^{s_j+1}, p^j(\bar{y})\eta^* = 0, j \in I_3,$$

$$s^j = 0, p^j(\bar{y})\eta^* \in \mathbb{R}^{s_j+1}, j \in I_4,$$

$$s^j \in \mathbb{R}\hat{q}^j(\bar{y}), p^j(\bar{y})\eta^* \in \mathbb{R}\hat{d}^{*j}, j \in I_6.$$

5.5　例子及计算结果

在这一节中我们给出几个二阶锥广义方程约束的多目标优化问题的例子.

例 5.1　在该问题中, 令 $n = m = l = 2, J = j = 1, s_1 = 1$, 也就是, $Q_{s_1+1} = Q_2$,

$$\varphi(x, y) = \begin{pmatrix} x^{\mathrm{T}} H_1 x + x^{\mathrm{T}} H_2 y + t_1^{\mathrm{T}} x \\ y^{\mathrm{T}} H_3 y + y^{\mathrm{T}} H_4 x + t_2^{\mathrm{T}} y \end{pmatrix}, \quad G(x, y) = Ax + By + h,$$

式中,

$$H_1 = \begin{pmatrix} 2 & 0 \\ 0 & 1 \end{pmatrix}, \quad H_2 = \begin{pmatrix} -1 & 0 \\ 0 & 0 \end{pmatrix}, \quad H_3 = \begin{pmatrix} 1 & \dfrac{1}{2} \\ \dfrac{1}{2} & \dfrac{1}{2} \end{pmatrix},$$

$$H_4 = \begin{pmatrix} -\dfrac{1}{2} & 0 \\ 0 & 0 \end{pmatrix}, \quad A = \begin{pmatrix} 2 & 0 \\ -2 & 0 \end{pmatrix}, \quad B = \begin{pmatrix} -3 & -10 \\ 1 & 0 \end{pmatrix},$$

$$t_1 = \begin{pmatrix} -4 \\ 0 \end{pmatrix}, \quad t_2 = \begin{pmatrix} 0 \\ -1 \end{pmatrix}, \quad h = \begin{pmatrix} 10 \\ 2 \end{pmatrix}.$$

且约束集合为

$$\Omega = \{y \mid q^1(y) \in Q_2\}, \quad q^1(y) = \begin{pmatrix} y_2^2 + 4y_1 - 1 \\ 3y_1 + 2y_2 - 2 \end{pmatrix}.$$

经计算可知, $\bar{x} = (1,0)^{\mathrm{T}}, \bar{y} = (0,1)^{\mathrm{T}}$ 是问题的弱 Pareto 有效解. 又 $q^1(\bar{y}) = 0$, 由引理 5.1 和引理 5.2 可知

$$\Phi(\bar{y}) = \mathcal{N}_\Omega(\bar{y}) = p^1(\bar{y})^{\mathrm{T}} \mathcal{N}_Q(q(\bar{y})) = \{p^1(\bar{y})^{\mathrm{T}} d^{*1} \in \mathbb{R}^2 \mid d^{*1} \in -Q_2\}.$$

当 $q^1(\bar{y}) = 0, j = 1 \in I_1$ 或 I_3 或 I_5 成立. 由定理 5.2 知, $\mathrm{gph}\mathcal{N}_{Q_2}$ 的极限法锥为

$$\mathcal{N}_{\mathrm{gph}\mathcal{N}_{Q_2}}(q^1(\bar{y}), d^{*1})$$

$$= \left\{ (\alpha, \beta) \in \mathbb{R}^2 \times \mathbb{R}^2 \left| \begin{array}{l} s^j \in (\mathbb{R}_- \hat{d}^{*j})^\circ, \, p^j(\bar{y})\eta^* \in \mathbb{R}_+ \hat{d}^{*j} \text{ 或} \\ s^j \in \mathbb{R}^2, \, p^j(\bar{y})\eta^* = 0, j \in I_1, \\ s^j \in \mathbb{R}^2, \, p^j(\bar{y})\eta^* = 0, j \in I_3, \\ s^j \in \mathbb{R}^2, \, p^j(\bar{y})\eta^* = 0 \text{ 或} \\ s^j = 0, \, p^j(\bar{y})\eta^* \in \mathbb{R}^2 \text{ 或} \\ s^j \in -Q_2, \, p^j(\bar{y})\eta^* \in -Q_2 \text{ 或} \\ s^j \in (\mathbb{R}_- \xi)^\circ, \, p^j(\bar{y})\eta^* \in \mathbb{R}_+\xi, \xi \in K \text{ 或} \\ s^j \in \mathbb{R}_-\eta, \, -p^j(\bar{y})\eta^* \in (\mathbb{R}_-\eta)^\circ, \eta \in K \text{ 或} \\ s^j \in \mathbb{R}(1, -z), \, p^j(\bar{y})\eta^* \in \mathbb{R}(1, z), \\ \|z\| = 1, z \in \mathbb{R}^1, j \in I_5 \end{array} \right. \right\}.$$

当 $j \in I_5$, 有 $d^{*j} = 0$. 由定理 5.3 知

$$D^*\Phi(\bar{y}, \bar{v})(\eta^*) \subset \bigcup_{d^* \in \Lambda(\bar{x}, \bar{y})} \left[\sum_{j \in I_1 \cup I_3} \nabla^2 q^j(\bar{y}) d^{*j} \eta^* + \sum_{j \in I_1 \cup I_3 \cup I_5} p^j(\bar{y})^{\mathrm{T}} s^j \right],$$

$s^j \in (\mathbb{R}_- \hat{d}^{*j})^\circ, \, p^j(\bar{y})\eta^* \in \mathbb{R}_+\hat{d}^{*j}$ 或 $s^j \in \mathbb{R}^2, \, p^j(\bar{y})\eta^* = 0, j \in I_1$,

$s^j \in \mathbb{R}^2, \, p^j(\bar{y})\eta^* = 0, j \in I_3$,

$s^j \in \mathbb{R}^2, \, p^j(\bar{y})\eta^* = 0$ 或 $s^j = 0, \, p^j(\bar{y})\eta^* \in \mathbb{R}^2$ 或

$s^j \in -Q_2, \, p^j(\bar{y})\eta^* \in -Q_2$ 或

$s^j \in (\mathbb{R}_-\xi)^\circ, \, p^j(\bar{y})\eta^* \in \mathbb{R}_+\xi, \xi \in K$ 或 $s^j \in \mathbb{R}_-\eta, \, -p^j(\bar{y})\eta^* \in (\mathbb{R}_-\eta)^\circ, \eta \in K$ 或

$s^j \in \mathbb{R}(1, -z), \, p^j(\bar{y})\eta^* \in \mathbb{R}(1, z), \|z\| = 1, z \in \mathbb{R}^1, j \in I_5$.

取 $d^{*1} = (-2, 2)^{\mathrm{T}} \in \Lambda(\bar{x}, \bar{y})$, 且 $\mathcal{L}(\bar{x}, \bar{y}, d^*) = 0$ 和 $d^* \in \mathcal{N}_{Q_2}(q(\bar{y}))$ 成立. 则存在

$\mu = \left(\dfrac{1}{2}, 1\right)^{\mathrm{T}}, \eta^* = \left(0, -\dfrac{1}{2}\right)^{\mathrm{T}}$ 和 $s^1 = (-2, 1)^{\mathrm{T}}$ 满足

$$0 \in \sum_{i=1}^{2} \mu_i \nabla \varphi_i(\bar{x}, \bar{y}) + \nabla G(\bar{x}, \bar{y})^{\mathrm{T}} \eta^*$$

$$+ \sum_{j \in I_1 \cup I_3} \nabla^2 q^j(\bar{y}) d^{*j} \eta^* + \sum_{j \in I_1 \cup I_3 \cup I_5} p^j(\bar{y})^{\mathrm{T}} s^j, \tag{5.34}$$

$s^j \in (\mathbb{R}_- \hat{d}^{*j})^\circ,\ p^j(\bar{y})\eta^* \in \mathbb{R}_+ \hat{d}^{*j}$ 或 $s^j \in \mathbb{R}^2,\ p^j(\bar{y})\eta^* = 0, j \in I_1$,

$s^j \in \mathbb{R}^2,\ p^j(\bar{y})\eta^* = 0, j \in I_3$,

$s^j \in \mathbb{R}^2,\ p^j(\bar{y})\eta^* = 0$ 或 $s^j = 0,\ p^j(\bar{y})\eta^* \in \mathbb{R}^2$ 或

$s^j \in -Q_2,\ p^j(\bar{y})\eta^* \in -Q_2$ 或

$s^j \in (\mathbb{R}_- \xi)^\circ,\ p^j(\bar{y})\eta^* \in \mathbb{R}_+ \xi,\ \xi \in K$ 或 $s^j \in \mathbb{R}_- \eta,\ -p^j(\bar{y})\eta^* \in (\mathbb{R}_- \eta)^\circ, \eta \in K$ 或

$s^j \in \mathbb{R}(1, -z),\ p^j(\bar{y})\eta^* \in \mathbb{R}(1, z),\ \|z\| = 1,\ z \in \mathbb{R}^1, j \in I_5$.

注意 $q^1(\bar{y}) = 0, d^{*1} = (-2, 2)^{\mathrm{T}} \in -\mathrm{bd}Q_2 \backslash \{0\}$ 且下式成立:

$$\left\langle s^1, -\frac{1}{2}\hat{d}^{*1} \right\rangle = \left\langle \begin{pmatrix} -2 \\ 1 \end{pmatrix}, \begin{pmatrix} 1 \\ 1 \end{pmatrix} \right\rangle = -1 < 0,$$

$$p^1(\bar{y})\eta^* = \begin{pmatrix} 4 & 2 \\ 3 & 2 \end{pmatrix} \begin{pmatrix} 0 \\ -\frac{1}{2} \end{pmatrix} = \begin{pmatrix} -1 \\ -1 \end{pmatrix} = \frac{1}{2}\hat{d}^{*1}.$$

由此可知 $s^1 \in (\mathbb{R}_- \hat{d}^{*1})^\circ, p^1(\bar{y})\eta^* \in \mathbb{R}_+ \hat{d}^{*1}$, 即 $j \in I_1$. 因此, 式 (5.34) 中的最优性条件简化为

$$0 \in \sum_{i=1}^{2} \mu_i \nabla \varphi_i(\bar{x}, \bar{y}) + \nabla G(\bar{x}, \bar{y})^{\mathrm{T}} \eta^* + \nabla^2 q^1(\bar{y}) d^{*1} \eta^* + p^1(\bar{y})^{\mathrm{T}} s^1,$$

$$s^1 \in (\mathbb{R}_- \hat{d}^{*1})^\circ,\ p^1(\bar{y})\eta^* \in \mathbb{R}_+ \hat{d}^{*1}.$$

例 5.2　考虑如下的向量优化问题:

$$\min\ \varphi(y)$$
$$\text{s. t.}\ 0 \in G(y) + \mathcal{N}_\Omega(y),$$

式中, $\varphi(y) = \begin{pmatrix} \dfrac{1}{2}y_1^2 - y_1 y_2 + y_2^2 \\ y_2^2 - 2y_2 \end{pmatrix}; G(y) = \begin{pmatrix} -2y_1 + 2y_2 + 3 \\ y_1 + 4y_2 - \dfrac{17}{2} \end{pmatrix}; y = \begin{pmatrix} y_1 \\ y_2 \end{pmatrix} \in \mathbb{R}^2.$

约束集合为 $\Omega = \{y \,|\, q(y) \in Q\}$ 且

$$q(y) = \begin{pmatrix} q^1(y) \\ q^2(y) \end{pmatrix}, \quad Q = Q_2 \times Q_2,$$

$$q^1(y) = \begin{pmatrix} y_1 - 4y_2 + \dfrac{5}{2} \\ -y_1 - \dfrac{1}{2} \end{pmatrix} \in Q_2, \quad q^2(y) = \begin{pmatrix} y_1 - 2y_2 + \dfrac{1}{2} \\ -y_1 + 2y_2 - \dfrac{1}{2} \end{pmatrix} \in Q_2.$$

由引理 5.2 可知 $\mathcal{N}_\Omega(y) = \mathcal{J}q(y)^{\mathrm{T}} \mathcal{N}_Q(q(y))$.

由问题可知 $\bar{y} = \left(\dfrac{1}{2}, \dfrac{1}{2}\right)^{\mathrm{T}}$ 是弱 Pareto 有效解. 注意 $q^1(\bar{y}) = (1, -1)^{\mathrm{T}} \in \mathrm{bd}Q_2 \backslash \{0\}$, $q^2(\bar{y}) = (0, 0)^{\mathrm{T}}$, 下式成立

$$\mathcal{N}_\Omega(\bar{y}) = p(\bar{y})^{\mathrm{T}} \mathcal{N}_Q(q(\bar{y}))$$

$$= \left\{ p(\bar{y})^{\mathrm{T}} d^* \in \mathbb{R}^2 \,\middle|\, \begin{array}{ll} d^{*1} = k\hat{q}^1(\bar{y}), k \leqslant 0, & q^1(\bar{y}) \in \mathrm{bd}Q_2 \backslash \{0\} \\ d^{*2} \in -Q_2, & q^2(\bar{y}) = 0 \end{array} \right\}.$$

从指标集分类可知, 当 $q^1(\bar{y}) \in \mathrm{bd}Q_2 \backslash \{0\}, d^{*1} = k\hat{q}^1(\bar{y}), k \leqslant 0, j = 1 \in I_2$ 或 I_6 成立. 当 $q^2(\bar{y}) = 0, d^{*2} \in -Q_2, j = 2 \in I_1$ 或 I_3 或 I_5 成立. 因此由定理 5.2 可知

$$\mathcal{N}_{\mathrm{gph}\mathcal{N}_Q}(q(\bar{y}), d^*) = \left\{ (\alpha, \beta) \in \mathbb{R}^4 \times \mathbb{R}^4 \,\middle|\, \begin{array}{l} \alpha^j \in (\mathbb{R}_- \hat{d}^{*j})^\circ, \beta^j \in \mathbb{R}_- \hat{d}^{*j} \text{ 或} \\ \alpha^j \in \mathbb{R}^2, \beta^j = 0, \quad j \in I_1, \\ \alpha^j \in \mathbb{R}_- \hat{q}^j(\bar{y}), \beta^j \in (\mathbb{R}_- \hat{q}^j(\bar{y}))^\circ \text{ 或} \\ \alpha^j = 0, \beta^j \in \mathbb{R}^2, \quad j \in I_2, \\ \alpha^j \in \mathbb{R}^2, \beta^j = 0, \quad j \in I_3, \\ \alpha^j \in \mathbb{R}^2, \beta^j = 0 \text{ 或} \\ \alpha^j = 0, \beta^j \in \mathbb{R}^2 \text{ 或} \\ \alpha^j \in -Q_2, \beta^j \in Q_2 \text{ 或} \\ \alpha^j \in (\mathbb{R}_- \xi)^\circ, \beta^j \in \mathbb{R}_- \xi, \xi \in K \text{ 或} \\ \alpha^j \in \mathbb{R}_- \eta, \beta^j \in (\mathbb{R}_- \eta)^\circ, \eta \in K \text{ 或} \\ \alpha^j \in \mathbb{R}(1, -z), \beta^j \in \mathbb{R}(1, z), \\ \|z\| = 1, z \in \mathbb{R}^1, \quad j \in I_5, \\ \alpha^j \in \mathbb{R}\hat{q}^j(\bar{y}), \beta^j \in \mathbb{R}\hat{d}^{*j}, \quad j \in I_6 \end{array} \right\}.$$

$$\tag{5.35}$$

则定理 5.3 的伴同导数变为

$$D^*\Phi(\bar{y},\bar{v})(\eta^*) \subset \bigcup_{d^*\in\Lambda(\bar{x},\bar{y})} \Big(\sum_{j\in N_1} \nabla^2 q^j(\bar{y}) d^{*j}\eta^* + \sum_{j\in N\setminus I_4} p^j(\bar{y})^{\mathrm{T}} s^j \Big), \tag{5.36}$$

$s^j \in (\mathbb{R}_-\hat{d}^{*j})^\circ, p^j(\bar{y})\eta^* \in \mathbb{R}_+\hat{d}^{*j}$ 或 $s^j \in \mathbb{R}^2, p^j(\bar{y})\eta^* = 0, j\in I_1,$

$s^j \in \mathbb{R}_-\hat{q}^j(\bar{y}), -p^j(\bar{y})\eta^* \in (\mathbb{R}_-\hat{q}^j(\bar{y}))^\circ$ 或 $\alpha^j = 0, p^j(\bar{y})\eta^* \in \mathbb{R}^2, j\in I_2,$

$s^j \in \mathbb{R}^2, p^j(\bar{y})\eta^* = 0, j\in I_3,$

$s^j \in \mathbb{R}^2, p^j(\bar{y})\eta^* = 0$ 或 $s^j = 0, p^j(\bar{y})\eta^* \in \mathbb{R}^2$ 或 $s^j \in -Q_2, p^j(\bar{y})\eta^* \in -Q_2$ 或

$s^j \in (\mathbb{R}_-\xi)^\circ, p^j(\bar{y})\eta^* \in \mathbb{R}_+\xi, \xi\in K$ 或 $s^j \in \mathbb{R}_-\eta, -p^j(\bar{y})\eta^* \in (\mathbb{R}_-\eta)^\circ, \eta\in K$ 或

$s^j \in R(1,-z), p^j(\bar{y})\eta^* \in R(1,z), \|z\|=1, z\in R^1, j\in I_5,$

$s^j \in R\hat{q}^j(\bar{y}), p^j(\bar{y})\eta^* \in R\hat{d}^{*j}, j\in I_6.$

取 $d^* = (d^{*1}; d^{*2})^{\mathrm{T}} \in \Lambda(\bar{y}), d^{*1} = (-1,1)^{\mathrm{T}}, d^{*2} = (-2,-1)^{\mathrm{T}}.$ 由式 (5.36) 和定理 5.5 可知, 存在 $\mu = (2,1)^{\mathrm{T}}, \eta^* = (2,1)^{\mathrm{T}}$ 和 $s^1 = (2,2)^{\mathrm{T}}, s^2 = (-2,-1)^{\mathrm{T}}$ 满足

$$0 \in \sum_{i=1}^2 \mu_i \nabla\varphi_i(\bar{y}) + \nabla G(\bar{y})^{\mathrm{T}}\eta^* + \sum_{j\in N_1} \nabla^2 q^j(\bar{y}) d^{*j}\eta^* + \sum_{j\in N\setminus I_4} p^j(\bar{y})^{\mathrm{T}} s^j.$$

$s^j \in (\mathbb{R}_-\hat{d}^{*j})^\circ, p^j(\bar{y})\eta^* \in \mathbb{R}_+\hat{d}^{*j}$ 或 $s^j \in \mathbb{R}^2, p^j(\bar{y})\eta^* = 0, j\in I_1,$

$s^j \in \mathbb{R}_-\hat{q}^j(\bar{y}), -p^j(\bar{y})\eta^* \in (\mathbb{R}_-\hat{q}^j(\bar{y}))^\circ$ 或 $\alpha^j = 0, p^j(\bar{y})\eta^* \in \mathbb{R}^2, j\in I_2,$

$s^j \in \mathbb{R}^2, p^j(\bar{y})\eta^* = 0, j\in I_3,$

$s^j \in \mathbb{R}^2, p^j(\bar{y})\eta^* = 0$ 或 $s^j = 0, p^j(\bar{y})\eta^* \in \mathbb{R}^2$ 或 $s^j \in -Q_2, p^j(\bar{y})\eta^* \in -Q_2$ 或

$s^j \in (\mathbb{R}_-\xi)^\circ, p^j(\bar{y})\eta^* \in \mathbb{R}_+\xi, \xi\in K$ 或 $s^j \in \mathbb{R}_-\eta, -p^j(\bar{y})\eta^* \in (\mathbb{R}_-\eta)^\circ, \eta\in K$ 或

$s^j \in \mathbb{R}(1,-z), p^j(\bar{y})\eta^* \in \mathbb{R}(1,z), \|z\|=1, z\in \mathbb{R}^1, j\in I_5,$

$s^j \in \mathbb{R}\hat{q}^j(\bar{y}), p^j(\bar{y})\eta^* \in \mathbb{R}\hat{d}^{*j}, j\in I_6.$

$$\tag{5.37}$$

又 $q^1(\bar{y}) = (1,-1)^{\mathrm{T}} \in \mathrm{bd}Q_2\setminus\{0\}, d^{*1} = (-1,1)^{\mathrm{T}} \in -\mathrm{bd}Q_2\setminus\{0\},$ 进一步地,

$$s^1 = \begin{pmatrix} 2 \\ 2 \end{pmatrix} = 2\hat{q}^1(\bar{y}), \quad p^1(\bar{y})\eta^* = \begin{pmatrix} 1 & -4 \\ -1 & 0 \end{pmatrix}\begin{pmatrix} 2 \\ 1 \end{pmatrix} = \begin{pmatrix} -2 \\ -2 \end{pmatrix} = 2\hat{d}^{*1}.$$

这意味着 $j = 1 \in I_6.$ 对 $j = 2,$ 有 $q^2(\bar{y}) = (0,0)^{\mathrm{T}}, d^{*2} = (-2,-1)^{\mathrm{T}} \in -\mathrm{int}Q_2.$ 此外, 下式成立:

$$p^2(\bar{y})\eta^* = -\begin{pmatrix} 1 & -2 \\ -1 & 2 \end{pmatrix}\begin{pmatrix} 2 \\ 1 \end{pmatrix} = \begin{pmatrix} 0 \\ 0 \end{pmatrix},$$

也就是 $j = 2 \in I_3$. 所以式 (5.37) 的最优性条件简化为

$$0 \in \sum_{i=1}^{2} \mu_i \nabla \varphi_i(\bar{y}) + \nabla G(\bar{y})^{\mathrm{T}} \eta^* + p^1(\bar{y})^{\mathrm{T}} s^1 + p^2(\bar{y})^{\mathrm{T}} s^2,$$

$$s^1 \in \mathbb{R}\hat{q}^1(\bar{y}), \ p^1(\bar{y})\eta^* \in \mathbb{R}\hat{d}^{*1},$$

$$s^2 \in \mathbb{R}^2, \ p^2(\bar{y})\eta^* = 0.$$

例 5.3 考虑问题 (VOP), 其中

$$\varphi(y) = \begin{pmatrix} y_1^2 + 2y_2^2 - 2y_2 \\ y_2^2 - 2y_1 y_2 + 1 \end{pmatrix}, \quad G(y) = \begin{pmatrix} 4y_1 - 2 \\ 3y_1 - \dfrac{3}{2} \end{pmatrix}, \quad y = \begin{pmatrix} y_1 \\ y_2 \end{pmatrix} \in \mathbb{R}^2.$$

函数 q 和二阶锥 Q 分别为

$$q(y) = \begin{pmatrix} q^1(y) \\ q^2(y) \end{pmatrix}, \quad Q = Q_2 \times Q_2,$$

式中,

$$q^1(y) = \begin{pmatrix} y_1 + y_2 + 2 \\ -2y_1 + y_2 + 1 \end{pmatrix} \in Q_2, \quad q^2(y) = \begin{pmatrix} y_1 - \dfrac{1}{2} \\ -2y_1 + 1 \end{pmatrix} \in Q_2.$$

又 $\bar{y} = \left(\dfrac{1}{2}, \dfrac{1}{2}\right)^{\mathrm{T}}$ 是弱 Pareto 有效解. 而 $q^1(\bar{y}) = \left(3, \dfrac{1}{2}\right)^{\mathrm{T}} \in \mathrm{int}Q_2, q^2(\bar{y}) = (0,0)^{\mathrm{T}}$. 取 $d^{*1} = (0,0)^{\mathrm{T}}, d^{*2} = (-2,-1)^{\mathrm{T}}$, 则

$$-d^{*1} + q^1(\bar{y}) = \begin{pmatrix} 3 \\ \dfrac{1}{2} \end{pmatrix} \in \mathrm{int}Q_2, \quad -d^{*2} + q^2(\bar{y}) = \begin{pmatrix} 2 \\ 1 \end{pmatrix} \in \mathrm{int}Q_2,$$

这意味着严格互补条件成立, 则存在 $\mu = (1,1)^{\mathrm{T}}$ 和 $\eta^* = (0,1)^{\mathrm{T}}$ 满足

$$0 \in \sum_{i=1}^{2} \mu_i \nabla \varphi_i(\bar{y}) + \nabla G(\bar{y})^{\mathrm{T}} \eta^* + p^2(\bar{y})^{\mathrm{T}} s^2,$$

$$s^2 \in \mathbb{R}^2, \ p^2(\bar{y})\eta^* = 0.$$

事实上, 当严格互补条件成立时, 有 $I_1 \cap I_2 \cap I_5 = \varnothing$. 由定理 5.6 可知

$$D^* \Phi(\bar{y}, \bar{v})(\eta^*) \subset \bigcup_{d^* \in \Lambda(\bar{x}, \bar{y})} \sum_{j \in I_3 \cup I_4 \cup I_6} \left[\nabla^2 q^j(\bar{y}) d^{*j} \eta^* + p^j(\bar{y})^{\mathrm{T}} s^j \right],$$

$$s^j \in \mathbb{R}^2, \ p^j(\bar{y})\eta^* = 0, j \in I_3,$$

$$s^j = 0, \ p^j(\bar{y})\eta^* \in \mathbb{R}^2, j \in I_4, \tag{5.38}$$

$$s^j \in \mathbb{R}\hat{q}^j(\bar{y}), \ p^j(\bar{y})\eta^* \in \mathbb{R}\hat{d}^{*j}, j \in I_6.$$

又 $q^1(\bar{y}) = \left(3, \dfrac{1}{2}\right)^{\mathrm{T}} \in \mathrm{int}Q_2, d^{*1} = (0,0)^{\mathrm{T}}$, 即 $j = 1 \in I_4$ 和 $q^2(\bar{y}) = (0,0)^{\mathrm{T}}, d^{*2} = (-2,-1)^{\mathrm{T}}$, 这意味着 $j = 2 \in I_3$. 则式 (5.38) 简化为

$$D^*\Phi(\bar{y},\bar{v})(\eta^*) \subset \bigcup_{d^* \in \Lambda(\bar{x},\bar{y})} \sum_{j \in I_3 \cup I_4} \left[\nabla^2 q^j(\bar{y}) d^{*j} \eta^* + p^j(\bar{y})^{\mathrm{T}} s^j\right],$$
$$s^j \in \mathbb{R}^2, p^j(\bar{y})\eta^* = 0, j \in I_3,$$
$$s^j = 0, p^j(\bar{y})\eta^* \in \mathbb{R}^2, j \in I_4.$$

因此最优性条件变为

$$0 \in \sum_{i=1}^{2} \mu_i \nabla\varphi_i(\bar{x},\bar{y}) + \nabla G(\bar{x},\bar{y})^{\mathrm{T}}\eta^* + \sum_{j \in I_3 \cup I_4} \left[\nabla^2 q^j(\bar{y}) d^{*j}\eta^* + p^j(\bar{y})^{\mathrm{T}} s^j\right].$$
$$s^j \in \mathbb{R}^2, p^j(\bar{y})\eta^* = 0, j \in I_3,$$
$$s^j = 0, p^j(\bar{y})\eta^* \in \mathbb{R}^2, j \in I_4.$$

注意, 当 $j = 1 \in I_4$, 有 $d^{*1} = 0$, $s^1 = (0,0)^{\mathrm{T}}$. 进一步地, $\nabla^2 q^2(\bar{y}) = 0$ 成立, 则

$$0 \in \sum_{i=1}^{2} \mu_i \nabla\varphi_i(\bar{y}) + \nabla G(\bar{y})^{\mathrm{T}}\eta^* + p^2(\bar{y})^{\mathrm{T}} s^2,$$
$$s^2 \in \mathbb{R}^2, p^2(\bar{y})\eta^* = 0.$$

因为

$$p^2(\bar{y})\eta^* = \mathcal{J}q^2(\bar{y})\eta^* = \begin{pmatrix} 1 & 0 \\ -2 & 0 \end{pmatrix}\begin{pmatrix} 0 \\ 1 \end{pmatrix} = \begin{pmatrix} 0 \\ 0 \end{pmatrix},$$

取 $s^2 = (-2,-1)^{\mathrm{T}}$ 即可满足上述的最优性条件.

第6章 参数变分不等式约束的随机多目标规划的 KKT 点的渐近收敛性

6.1 引　　言

本章考虑如下的参数变分不等式约束的随机多目标数学规划问题:

$$
\text{(P)} \quad
\begin{aligned}
&\min \ \mathbb{E}[\phi(x,y,\xi(w))] \\
&\text{s. t.} \ y \in \Gamma, \langle \mathbb{E}[F(x,y,\xi(w))], z-y \rangle \leqslant 0, \forall z \in \Gamma, \\
&\quad\ (x,y) \in C,
\end{aligned}
$$

式中, $\phi : \mathbb{R}^n \times \mathbb{R}^m \times \mathbb{R}^d \to \mathbb{R}^l$ 是 Lipschitz 连续的; $F : \mathbb{R}^n \times \mathbb{R}^m \times \mathbb{R}^d \to \mathbb{R}^m$ 是连续可微映射; 集合

$$
\Gamma = \{y \in \mathbb{R}^m \mid \mathbb{E}[g_i(y,\xi(w))] \leqslant 0, i=1,2,\cdots,q; \mathbb{E}[g_i(y,\xi(w))]=0, i=q+1,q+2,\cdots,p\},
$$

其中, $g_i : \mathbb{R}^m \times \mathbb{R}^d \to \mathbb{R}$ 是二次连续可微凸函数, $i=1,2,\cdots,q$. $g_i : \mathbb{R}^m \times \mathbb{R}^d \to \mathbb{R}$ 是仿射函数, $i=q+1,q+2,\cdots,p$; C 是 $\mathbb{R}^n \times \mathbb{R}^m$ 中的非空闭凸集; $\xi : \Omega \to \Theta \subset \mathbb{R}^d$ 是可测空间 $(\Omega, \mathcal{F}, P)$ 上的随机向量; $\mathbb{E}[\cdot]$ 为随机变量的期望. 为简便, 在本章中, 记 ξ 为 $\xi(w)$ 的缩写.

　　参数变分不等式约束的随机多目标优化问题是均衡约束的随机多目标规划的一种, 当随机变量 ξ 为单值常量时, 它就退化为确定性的 MOPEC 问题. 对于随机多目标规划, 一般有两种处理方式: 一种是从随机规划的角度出发, 即将随机多目标规划转化为随机单目标规划, 利用随机规划的理论进行研究; 另一种方法是从多目标规划出发, 即将随机多目标规划转化为多目标规划, 利用多目标规划的理论进行研究. 随机多目标规划本身就比较难于求解, 此外, 加上均衡约束的结构非常复杂, 这导致了均衡约束的随机多目标规划的研究更加困难. 对锥均衡约束的多目标规划方面的研究成果更少. 处理随机规划的一个常用的方法就是 SAA 方法, 即用样本均值来近似期望函数值. 在本章中, 我们利用 SAA 方法将随机多目标规划转化为多目标规划, 借助多目标规划的理论对问题 (P) 进行研究. 设 $\xi^1, \xi^2, \cdots, \xi^N$ 是 ξ 的独立同分布的样本, 则问题 (P) 的近似问题为

$$\text{(SAA-P)} \quad \begin{aligned} &\min \ \frac{1}{N} \sum_{k=1}^{N} \phi(x, y, \xi^k) \\ &\text{s.\,t. } y \in \Gamma_N, \langle \frac{1}{N} \sum_{k=1}^{N} F(x, y, \xi^k), z - y \rangle \leqslant 0, \forall z \in \Gamma_N, \\ &\quad\ (x, y) \in C, \end{aligned}$$

式中, $\Gamma_N = \{y \in \mathbb{R}^m \mid \frac{1}{N} \sum_{k=1}^{N} g_i(y, \xi^k) \leqslant 0 \,\text{w.p.1}, i = 1, 2, \cdots, q; \frac{1}{N} \sum_{k=1}^{N} g_i(y, \xi^k) = 0 \,\text{w.p.1}, i = q + 1, q + 2, \cdots, p\}.$

　　根据变分分析中集值映射的图收敛理论, 对于原问题 (P) 和近似问题 (SAA-P), 我们将证明当样本数量趋于无穷时, 近似问题 (SAA-P) 的 KKT 点列渐近收敛到原问题 (P) 的 KKT 点. 首先利用分离函数, 我们将多目标规划问题转化为其等价的单目标优化问题. 在线性无关约束规范和严格互补条件之下, 我们建立了两个问题的弱 KKT 条件. 对于收敛性分析, 我们首先证明了参数变分不等式的复合集值映射的稳定性, 其次证明了近似问题 (SAA-P) 的 KKT 点列渐近收敛到原问题 (P) 的 KKT 点. 进一步地, 若随机多目标规划问题是凸规划时, 则 KKT 点即为最优值点. 因此我们证明了近似问题 (SAA-P) 的最优解集也是渐近收敛的.

6.2　预备知识

　　记 $\|\cdot\|$ 为向量或者集合的欧拉范数. 集合 $\mathcal{M}$ 为紧集, 记

$$\|\mathcal{M}\| := \max_{M \in \mathcal{M}} \|M\|.$$

记 $d(x, \mathcal{D}) := \inf_{x' \in \mathcal{D}} \|x - x'\|$ 为点 x 到集合 $\mathcal{D}$ 的距离. 对于两个紧集 $\mathcal{C}$ 和 $\mathcal{D}$, 记

$$\mathbb{D}(\mathcal{C}, \mathcal{D}) := \sup_{x \in \mathcal{C}} d(x, \mathcal{D})$$

为集合 $\mathcal{C}$ 到集合 $\mathcal{D}$ 的距离. $B(x, \delta)$ 为开球, 即 $B(x, \delta) := \{x' : \|x' - x\| < \delta\}$. $\mathcal{B}$ 为有穷维空间上的单位闭球.

　　下面回顾一下集值映射的外半连续性. 集值映射 $S : \mathbb{R}^n \rightrightarrows \mathbb{R}^m$ 在点 $\bar{x}$ 处是闭的, 若对 $x_k \to \bar{x}, y_k \in S(x_k), y_k \to \bar{y}$, 成立 $\bar{y} \in S(\bar{x})$.

　　定义 6.1　集值映射 $S : \mathbb{R}^n \rightrightarrows \mathbb{R}^m$ 在点 $\bar{x}$ 处是外半连续的, 若成立

$$\limsup_{x \to \bar{x}} S(x) \subset S(\bar{x}),$$

或等价地写为 $\limsup\limits_{x \to \bar{x}} S(x) = S(\bar{x}).$

集值映射的外半连续性有以下的几种等价形式.

命题 6.1 $S : \mathbb{R}^n \rightrightarrows \mathbb{R}^m$ 为集值映射, 则下面的结论成立.

(1) S 是外半连续的当且仅当 gph$S$ 在 $\mathbb{R}^n \times \mathbb{R}^m$ 中是闭的;

(2) $\limsup\limits_{x^v \to \bar{x}} S(x^v) \subset S(\bar{x}) \Leftrightarrow \mathbb{D}(S(x^v), S(\bar{x})) \to 0, v \to \infty.$

证明 (1) 由文献 [1] 中定理 5.7 (a) 知, 这个等价性成立.

(2) 这个等价性由文献 [14] 59 页可直接得出.

命题 6.2 $S : \mathbb{R}^m \to \mathbb{R}^m$ 为连续的单值映射, $T : \mathbb{R}^m \rightrightarrows \mathbb{R}^p$ 为闭图的集值映射, 则下面的结论成立.

(1) 伴同导数映射 $D^*T(\cdot, \cdot)(\cdot)$ 在 $\mathbb{R}^n$ 上是外半连续的;

(2) 复合集值映射 $S \diamond T := S(\cdot)D^*T(\cdot, \cdot)(\cdot)$ 在 $\mathbb{R}^m$ 上是外半连续的.

证明 (1) 由文献 [78] 中命题 2.7 知, $D^*T(\cdot, \cdot)(\cdot)$ 的图是闭的, 由命题 6.1 中 (1) 知结论成立.

(2) 由命题 6.1 知, 只需验证 $S \diamond T$ 的图的闭性即可. 取 $(z_k, \vartheta_k) \in \text{gph}(S \diamond T)$, $\vartheta_k = u_k \zeta_k$, 其中 $u_k \in S(z_k)$, $\zeta_k \in D^*T(z_k, v_k)(\eta_k)$, $z_k \in T(v_k)$. 假设 $(z_k, v_k) \to (z, v)$, $u_k \to u$, $(\zeta_k, \eta_k) \to (\zeta, \eta)$, $\vartheta_k \to \vartheta$. 已知

$$\zeta_k \in D^*T(z_k, v_k)(\eta_k) \Leftrightarrow (\zeta_k, -\eta_k) \in \mathcal{N}_{\text{gph}T}(z_k, v_k),$$

又法锥映射是外半连续的, 则 $(\zeta, -\eta) \in \mathcal{N}_{\text{gph}T}(z, v)$, $\zeta \in D^*T(z, v)(\eta)$. 单值映射 S 是连续的, 则 $\vartheta = u\zeta \in S(z)D^*T(z, v)(\eta)$, 即 $(z, \vartheta) \in \text{gph}(S \diamond T)$. 这就证明了映射 $S \diamond T$ 的闭性.

定义 6.2 [1] 集值映射列 $S^v : \mathbb{R}^n \rightrightarrows \mathbb{R}^m$, 记它的图外极限为 $(g - \limsup\limits_{v} S^v)(x)$, 它的图为集合 $\limsup\limits_{v}(\text{gph}\, S^v)$, 即

$$\text{gph}(g - \limsup\limits_{v} S^v)(x) = \limsup\limits_{v}(\text{gph}\, S^v).$$

它的图内极限记为 $(g - \liminf\limits_{v} S^v)(x)$, 它的图为集合 $\liminf\limits_{v}(\text{gph}\, S^v)$, 即

$$\text{gph}(g - \liminf\limits_{v} S^v)(x) = \liminf\limits_{v}(\text{gph}S^v).$$

若集值映射列的图外极限与图内极限一致, 则称它的图极限 $(g - \lim\limits_{v} S^v)(x)$ 存在.

命题 6.3 [1] 对集值映射列 $S^v : \mathbb{R}^n \rightrightarrows \mathbb{R}^m$, 成立

$$(g - \limsup\limits_{v} S^v)(x) = \bigcup\limits_{\{x^v \to x\}} \limsup\limits_{v \to \infty} S^v(x^v) = \lim\limits_{\delta \to 0} \left[\limsup\limits_{v \to \infty} S^v(x + \rho\mathbb{B})\right],$$

$$(g - \liminf\limits_{v} S^v)(x) = \bigcup\limits_{\{x^v \to x\}} \liminf\limits_{v \to \infty} S^v(x^v) = \lim\limits_{\delta \to 0} \left[\liminf\limits_{v \to \infty} S^v(x + \rho\mathbb{B})\right].$$

进一步地, S^v 图收敛到 S 当且仅当, 在点 $\bar{x} \in \mathbb{R}^n$, 成立

$$\bigcup_{\{x^v \to x\}} \limsup_{v \to \infty} S^v(x^v) \subset S(\bar{x}) \subset \bigcup_{\{x^v \to x\}} \liminf_{v \to \infty} S^v(x^v).$$

6.3　KKT 条 件

6.3.1　原始问题的 KKT 条件

在给出原始问题的 KKT 条件之前, 首先对目标函数和约束函数给出一些假设.

假设 6.1　对问题 (P) 中的 $\phi(x,y,\xi), f(x,y,\xi), g_i(y,\xi), i = 1,2,\cdots,p$, 下面的假设成立.

(1) 对几乎所有的 $\xi \in \Theta$, $\mathbb{E}[\phi(x,y,\xi)]$, $\mathbb{E}[f(x,y,\xi)]$ 和 $\mathbb{E}[g_i(y,\xi)], i = 1,2\cdots,p$, 在 $\mathbb{R}^n \times \mathbb{R}^m$ 上有定义.

(2) $\vartheta(x,y,\xi)$ 为函数集合 $\{\phi(x,y,\xi), \nabla f(x,y,\xi)\}$ 中的任一元素, 对几乎所有的 ξ, 存在积极可测函数 $\kappa(\xi), [\kappa(\xi)] < \infty$, 使得

$$\|\vartheta(x',y',\xi) - \vartheta(x,y,\xi)\| \leqslant \kappa(\xi)(\|x' - x\| + \|y' - y\|), \forall x', x \in \mathbb{R}^n, y', y \in \mathbb{R}^m.$$

(3) $\sigma(y,\xi)$ 为函数集合 $\{\nabla g_i(y,\xi), \nabla^2 g_i(y,\xi), i = 1,2,\cdots,p\}$ 中的任一元素, 对几乎所有的 ξ, 存在积极可测函数 $\kappa(\xi), [\kappa(\xi)] < \infty$, 使得

$$\|\sigma(y',\xi) - \sigma(y,\xi)\| \leqslant \kappa(\xi)\|y' - y\|, \forall y', y \in \mathbb{R}^m.$$

(4) $\psi(x,y,\xi)$ 为函数集合 $\{\phi(x,y,\xi), f(x,y,\xi), \nabla\phi(x,y,\xi), \nabla f(x,y,\xi)\}$ 中的任一元素, 对几乎所有的 ξ, 存在积极可测函数 $\kappa(\xi) < \infty$ 使得

$$\sup_{x,y} \max\{\|\psi(x,y,\xi)\|\} \leqslant \kappa(\xi).$$

(5) $\rho(y,\xi)$ 为函数集合 $\{g_i(y,\xi), \nabla g_i(y,\xi), \nabla^2 g_i(x,y,\xi), i = 1,2,\cdots,p\}$ 中的任一元素, 对几乎所有的 ξ, 存在积极可测函数 $\kappa(\xi) < \infty$ 使得

$$\sup_{x,y} \max\{\|\rho(y,\xi)\|\} \leqslant \kappa(\xi).$$

将参数变分不等式中的集合 Γ 写成下面的形式;

$$\Gamma = \{y \in \mathbb{R}^m \,|\, \mathbb{E}[g(y,\xi)] \in \mathcal{K}\},$$

式中, $g(y,\xi) := (g_1(y,\xi), g_2(y,\xi), \cdots, g_p(y,\xi))$; $\mathcal{K} := \mathbb{R}^q_- \times \{0\}_{p-q}$. 对指标集合, 记 $I := \{i \,|\, \mathbb{E}[g_i(\bar{y},\xi)] = 0, 1 \leqslant i \leqslant q\}, J := \{1,2,\cdots,q\}\backslash I, L := \{q+1, q+2, \cdots, p\}$. 将参数变分不等式写为

$$0 \in \Psi(x,y) + \mathcal{N}_\Gamma(y), \tag{6.1}$$

式中, $\Psi(x,y) := \mathbb{E}[F(x,y,\xi)]$. 在假设 6.1 中 (1)、(3)、(5) 成立之下, $\mathbb{E}[g(y,\xi)]$ 是连续可微的, 且 $\mathcal{J}\mathbb{E}[g(y,\xi)] = \mathbb{E}[\mathcal{J}g(y,\xi)]$. 对 $y \in \mathbb{R}^m$, $\mathbb{E}[\mathcal{J}g(y,\xi)]$ 是线性无关的, 由命题 1.5 知

$$\mathcal{N}_{\Gamma}(y) = p(y)^{\mathrm{T}}\mathcal{N}_{\mathcal{K}}(r(y)), \tag{6.2}$$

式中,

$$p(y) = \mathbb{E}[\mathcal{J}g(y,\xi)],\ r(y) = \mathbb{E}[g(y,\xi)].$$

记 $\Xi := \{(x,y) \in C \,|\, 0 \in \Psi(x,y) + \mathcal{N}_{\Gamma}(y)\}$ 为问题 (P) 的可行集合.

定义辅助函数 $\mathcal{L}: \mathbb{R}^n \times \mathbb{R}^m \times \mathbb{R}^p \to \mathbb{R}^m$ 为

$$\mathcal{L}(x,y,d) = \Psi(x,y) + p(y)^{\mathrm{T}}d. \tag{6.3}$$

定义集值映射 $\mathcal{M}: \mathbb{R}^{2p} \rightrightarrows \mathbb{R}^n \times \mathbb{R}^m \times \mathbb{R}^p$ 为

$$\mathcal{M}(\vartheta) = \{(x,y,d) \in \mathbb{R}^n \times \mathbb{R}^m \times \mathbb{R}^p \,|\, (r(y),d)^{\mathrm{T}} + \vartheta \in \mathrm{gph}\mathcal{N}_{\mathcal{K}}\}. \tag{6.4}$$

由文献 [59] 知, 若 (x,y) 是问题 (P) 的可行解, $p(y)$ 具有行满秩, 则 $\mathcal{L}(x,y,d) = 0$ 有唯一解 $d \in \mathcal{N}_{\mathcal{K}}(r(y))$. 记 $\Lambda(x,y) = \{d \in \mathbb{R}^p \,|\, \mathcal{L}(x,y,d) = 0, d \in S(y)\}$, 其中 $S(y) = \mathcal{N}_{\mathcal{K}}(r(y))$.

下面给出严格互补条件, 即下面的假设 6.2.

假设 6.2　严格互补条件在点 $(\bar{y},\bar{v})$ 处成立, 即对所有的 $\bar{d} \in \mathcal{N}_{\mathcal{K}}(r(\bar{y}))$, $p(\bar{y})^{\mathrm{T}}\bar{d} = \bar{v}$, 成立

$$\bar{d}_i > 0, i \in I(\bar{y}).$$

命题 6.4　假设 6.1 中 (1)、(3)、(5) 和假设 6.2 成立. 令 $\mathcal{Q}(y) := \mathcal{N}_{\Gamma}(y)$, $\bar{y} \in \mathbb{R}^m$, $\bar{v} \in \mathcal{Q}(\bar{y})$. 设 $p_{I \cup J}(\bar{y})$ 具有行满秩, 则对 $\bar{d} \in \Lambda(\bar{x},\bar{y})$ 和 $\bar{u} \in \mathbb{R}^m$, 成立

$$D^*\mathcal{Q}(\bar{y},\bar{v})(\bar{u}) = \bigcup_{\bar{d} \in \Lambda(\bar{x},\bar{y})} \left\{(\mathcal{J}p(\bar{y})^{\mathrm{T}}\bar{d})^{\mathrm{T}}\bar{u} + \mathcal{J}r(\bar{y})^{\mathrm{T}}D^*\mathcal{N}_{\mathcal{K}}(r(\bar{y}),\bar{d})(p(\bar{y})\bar{u})\right\}. \tag{6.5}$$

证明　因为 $p_{I \cup J}(\bar{y})$ 具有行满秩, 由文献 [133] 中定理 4.1 知, 映射 $\mathcal{M}$ 在点 $(0_{2p},\bar{y},\bar{d})$ 处是平稳的, 则

$$D^*\mathcal{Q}(\bar{y},\bar{v})(\bar{u}) \subset \bigcup_{\bar{d} \in \Lambda(\bar{x},\bar{y})} \left\{(\mathcal{J}p(\bar{y})^{\mathrm{T}}\bar{d})^{\mathrm{T}}\bar{u} + \mathcal{J}r(\bar{y})^{\mathrm{T}}D^*\mathcal{N}_{\mathcal{K}}(r(\bar{y}),\bar{d})(p(\bar{y})\bar{u})\right\}.$$

在假设 6.2 之下, 由文献 [134] 中引理 3.3 知, 等式成立.

称 $(\bar{x},\bar{y}) \in \Lambda$ 为问题 (MOP) 的 KKT 点, 若成立

$$0 \in \partial(\psi \circ f)(\bar{x},\bar{y}) + \mathcal{N}_{\Lambda}(\bar{x},\bar{y}).$$

利用引理 1.1, 我们考虑问题 (MOP) 的弱 KKT 条件:

$$0 \in \partial \langle u^*, f \rangle (\bar{x}, \bar{y}) + \mathcal{N}_\Lambda(\bar{x}, \bar{y}), \tag{6.6}$$

式中, $u^* \in \partial \psi(f(\bar{x}, \bar{y}))$. 在此考虑弱 KKT 条件主要有两个原因: 其一, 大多数的函数都是 Lipschitz 函数且它的复合函数的次微分更容易得到; 其二, 在适当的条件之下, 当样本数量趋于无穷时, SAA 问题的 KKT 点收敛到弱 KKT 点集合. 若函数 ψ 是单调增加的、凸的, f 是凸的, 则引理 1.1 中的包含关系变为等式, 此时, 弱 KKT 条件即为 KKT 条件. 下面的引理说明了问题 (MOP) 和问题 (SMOP) 的解的关系.

引理 6.1　$\psi : \mathbb{R}^l \to \mathbb{R}$ 是定义在函数值空间 $f(\Lambda)$ 上的函数. 若 ψ 是严格单调递增的 (单调递增的), 则 $(\bar{x}, \bar{y})$ 是问题 (SMOP): $\min\limits_{(x,y) \in \Lambda} (\psi \circ f)(x, y)$ 的最小解当且仅当它是问题 (MOP) 的 Pareto 有效解 (Pareto 弱有效解).

证明　容易证明问题 (MOP) 的 Pareto 有效解 (Pareto 弱有效解) 是问题 (SMOP) 的最小解, 省略这部分的证明. 设 $(\bar{x}, \bar{y})$ 是问题 (SMOP) 的最小解. 假设 $(\bar{x}, \bar{y})$ 不是问题 (MOP) 的 Pareto 有效解, 则存在 $(x^*, y^*) \in \Lambda$ 使得

$$\begin{aligned}
&f_j(x^*, y^*) \leqslant f_j(\bar{x}, \bar{y}), \forall j \in \{1, 2, \cdots, l\}, \\
&f_{j_0}(x^*, y^*) < f_{j_0}(\bar{x}, \bar{y}), \exists j_0 \in \{1, 2, \cdots, l\}.
\end{aligned} \tag{6.7}$$

又 ψ 是严格单调递增的, 由式 (6.7) 知

$$(\psi \circ f)(x^*, y^*) < (\psi \circ f)(\bar{x}, \bar{y}),$$

这是不成立的, 所以结论成立.

在下面的约束规范之下, 建立问题 (P) 的 KKT 条件.

假设 6.3　线性独立约束规范成立, 即矩阵

$$\begin{pmatrix} J_{x,y} \mathcal{L}(\bar{x}, \bar{y}, \bar{d}) \\ p_{I \cup J}(\bar{y}) \end{pmatrix}$$

具有行满秩.

定理 6.1　假设 6.1 到假设 6.3 成立. 对几乎所有的 $\xi \in \Theta$, 函数 ϕ 是 Lipschitz 连续的, $\mathcal{J}_{x,y} F(\bar{x}, \bar{y}, \xi)$ 具有行满秩 ξ 的可测空间是非原子的. 设 $(\bar{x}, \bar{y})$ 是问题 (P) 的 Pareto 弱有效解, $\bar{d}$ 是 $\mathcal{L}(\bar{x}, \bar{y}, d) = 0$ 的解, 则存在 $\mu^* \neq 0$ 和 $\bar{u} \in \mathbb{R}^m$ 使得

$$0 \in \mathbb{E}[\partial \langle \mu^*, \phi(\cdot, \cdot, \xi) \rangle (\bar{x}, \bar{y})] + \mathbb{E}[\nabla F(\bar{x}, \bar{y})]^T \bar{u} + \mathcal{N}_C(\bar{x}, \bar{y}) + \mathbb{E}[\nabla^2 g(\bar{y}, \xi) \bar{d}] \bar{u}$$

$$+ \mathbb{E}[\nabla g(\bar{y}, \xi)] D^* \mathcal{N}_{\mathcal{K}}(\mathbb{E}[g(\bar{y}, \xi)], \bar{d})(\mathbb{E}[\nabla g(\bar{y}, \xi)] \bar{u}). \tag{6.8}$$

证明 因为 $(\bar{x},\bar{y})$ 是问题 (P) 的 Pareto 弱有效解, 由引理 6.1 知, $(\bar{x},\bar{y})$ 是问题 $\{\min(\psi\circ\mathbb{E}[\phi(\cdot,\cdot,\xi)])(x,y) \,|\, (x,y)\in\Xi\}$ 的最小解. 由引理 1.1 知, 存在 $\mu^*\in\partial\psi(\mathbb{E}[\phi(\bar{x},\bar{y},\xi)])$ 满足

$$0\in\partial\langle\mu^*,\mathbb{E}[\phi(\cdot,\cdot,\xi)]\rangle(\bar{x},\bar{y})+\mathcal{N}_\Xi(\bar{x},\bar{y}). \tag{6.9}$$

对几乎所有的 $\xi\in\Theta$, ϕ 对 x,y 是 Lipschitz 连续的, 由假设 6.1 知 $\mathbb{E}[\phi(\cdot,\cdot,\xi)]$ 是 Lipschitz 的, 因此, $\langle\mu^*,\mathbb{E}[\phi(\cdot,\cdot,\xi)]\rangle$ 也是 Lipschitz 的. 由文献 [135] 中定理 2.1 知

$$\partial\langle\mu^*,\mathbb{E}[\phi(\cdot,\cdot,\xi)]\rangle(\bar{x},\bar{y})\subset\mathbb{E}[\partial\langle\mu^*,\phi(\cdot,\cdot,\xi)\rangle(\bar{x},\bar{y})].$$

所以, 式 (6.9) 变为

$$0\in\mathbb{E}[\partial\langle\mu^*,\phi(\cdot,\cdot,\xi)\rangle(\bar{x},\bar{y})]+\mathcal{N}_\Xi(\bar{x},\bar{y}). \tag{6.10}$$

在假设 6.3 之下, 映射 $\mathcal{P}$ 在点 $(0_{2m},0_{2p},\bar{x},\bar{y},\bar{d})$ 处是平稳的, 其中 $\mathcal{P}:\mathbb{R}^m\times\mathbb{R}^{2p}\rightrightarrows\mathbb{R}^n\times\mathbb{R}^m\times\mathbb{R}^p$ 为

$$\mathcal{P}(z,\vartheta)=\{(x,y,d)\in\mathbb{R}^n\times\mathbb{R}^m\times\mathbb{R}^p \,|\, \mathcal{L}(x,y,d)+z=0\}\cap\mathcal{M}(\vartheta). \tag{6.11}$$

结合文献 [133] 中定理 3.2 和 $\mathcal{J}_{x,y}F(\bar{x},\bar{y},\xi)$ 行满秩, 得到

$$\mathcal{N}_\Xi(\bar{x},\bar{y})=\bigcup_{\bar{d}\in\Lambda(\bar{x},\bar{y})}[\mathcal{N}_C(\bar{x},\bar{y})+\nabla\Psi(\bar{x},\bar{y})^{\mathrm{T}}\bar{u}+D^*\mathcal{Q}(\bar{y},-\Psi(\bar{x},\bar{y}))(\bar{u})]. \tag{6.12}$$

由式 (6.10)、式 (6.12) 和命题 6.4 知, 式 (6.8) 成立.

注 6.1 下面讨论一下随机函数的次微分法则. 对几乎每个 ξ, 函数 $f(x,y,\xi)$ 是 Lipschitz 连续的, 则

$$\partial f(x,y,\xi)\subset\partial^C f(x,y,\xi)=\mathrm{cl}\,\mathrm{conv}\partial f(x,y,\xi),$$

式中, $\partial f,\partial^C f$ 为 f 的极限次微分和 Clarke 广义次微分[135]. 进一步地, $\mathbb{E}[f(x,y,\xi)]$ 也是 Lipschitz 连续的, 且成立

$$\partial\mathbb{E}[f(x,y,\xi)]\subset\mathbb{E}[\partial f(x,y,\xi)].$$

当 f 是 Clarke 正则的, 则等式成立. 当可测空间 $(\Omega,\mathcal{F},P)$ 是非原子的或者原子是凸的, 则

$$\mathbb{E}[\partial f(x,y,\xi)]=\mathbb{E}[\partial^C f(x,y,\xi)]=\mathbb{E}[\mathrm{conv}\partial f(x,y,\xi)]=\mathrm{conv}\mathbb{E}[\partial f(x,y,\xi)].$$

若函数 f 是凸的, 则上面的次微分关系也成立. 一般来说, 当可测空间 $(\Omega,\mathcal{F},P)$ 是非原子的, 则 Clarke 广义次微分集合比极限次微分集合大且具有更好的性质. 因此, 当 $\phi(x,y,\xi)$ 是非凸的或者是非光滑的, 利用 Clarke 广义次微分来刻画 KKT 条件更为合适.

6.3.2 SAA 问题的 KKT 条件

这节我们建立 SAA 问题的弱 KKT 条件. 将参数变分不等式的样本均值近似写成下面的形式:

$$0 \in \hat{F}^N(x, y) + \mathcal{N}_{\Gamma_N}(y) \text{ w.p.1}, \tag{6.13}$$

集合 $\Gamma_N = \{y \in \mathbb{R}^m \mid \hat{g}^N(y) \in \mathcal{K}\}$, 其中

$$\hat{F}^N(x, y) := \frac{1}{N} \sum_{k=1}^N F(x, y, \xi^k), \quad \hat{g}^N(y) := \frac{1}{N} \sum_{k=1}^N g(y, \xi^k). \tag{6.14}$$

记 $\hat{p}^N(y) := \mathcal{J}\hat{g}^N(y)$, $\Xi_N := \{(x, y) \in C \mid 0 \in \hat{F}^N(x, y) + \mathcal{N}_{\Gamma_N}(y) \text{ w.p.1}\}$. $\mathcal{L}(x, y, d)$ 的 SAA 辅助函数为

$$\hat{\mathcal{L}}^N(x, y, d) := \hat{F}^N(x, y) + \hat{p}^N(y)^{\mathrm{T}} d.$$

SAA 映射 $\hat{\mathcal{M}}^N(\vartheta)$ 和 $\hat{\mathcal{P}}^N(z, \vartheta)$ 分别为

$$\hat{\mathcal{M}}^N(\vartheta) := \{(x, y, d) \in \mathbb{R}^n \times \mathbb{R}^m \times \mathbb{R}^p \mid (\hat{g}^N(y), d)^{\mathrm{T}} + \vartheta \in \text{gph}\mathcal{N}_{\mathcal{K}} \text{ w.p.1}\},$$

$$\hat{\mathcal{P}}^N(z, \vartheta) := \{(x, y, d) \in \mathbb{R}^n \times \mathbb{R}^m \times \mathbb{R}^p \mid \hat{\mathcal{L}}^N(x, y, d) + z = 0\} \cap \hat{\mathcal{M}}^N(\vartheta).$$

记 $\Lambda_N(x, y) = \{d \in \mathbb{R}^p \mid \hat{\mathcal{L}}^N(x, y, d) = 0, d \in S_N(y) \text{ w.p.1}\}$ 为 $\Lambda(x, y)$ 的 SAA 映射, 其中 $S_N(y) = \mathcal{N}_{\mathcal{K}}(\hat{g}^N(y))$.

下面的命题给出了式 (6.13) 中的映射 $\hat{\mathcal{Q}}^N(y) := \mathcal{N}_{\Gamma_N}(y)$ 的伴同导数的估计.

命题 6.5 设 $(\bar{x}^N, \bar{y}^N) \to (\bar{x}, \bar{y}) \text{ w.p.1}$, $N \to \infty$, 对每个 N, $(\bar{x}^N, \bar{y}^N) \in \Xi_N \text{ w.p.1}$. 取 $\bar{v}^N \in \hat{\mathcal{Q}}^N(\bar{y}^N)$, 假设 $p_{I \cup J}(y)$ 在点 $\bar{y}$ 处具有行满秩. 对每个 N, 存在 $\bar{d}^N \in \Lambda_N(\bar{x}^N, \bar{y}^N) \text{ w.p.1}$. 则对 $\bar{u}^N \in \mathbb{R}^p$, 成立

$$D^* \hat{\mathcal{Q}}^N(\bar{y}^N, \bar{v}^N)(\bar{u}^N) = \bigcup_{\bar{d}^N \in \Lambda_N(\bar{x}^N, \bar{y}^N)} \left\{ \begin{array}{l} \nabla^2 \hat{g}^N(\bar{y}^N) \bar{d}^N \bar{u}^N + \\ \hat{p}^N(\bar{y}^N)^{\mathrm{T}} D^* \mathcal{N}_{\mathcal{K}}(\hat{g}^N(\bar{y}^N), \bar{d}^N)(\hat{p}^N(\bar{y}^N)^{\mathrm{T}} \bar{u}^N) \end{array} \right\}. \tag{6.15}$$

证明 当 $p_{I \cup J}(\bar{y})$ 具有行满秩时, 由文献 [133] 中定理 4.1 知, 映射 $\hat{\mathcal{M}}^N$ 在点 $(0_{2p}, \bar{y}^N)$ 几乎处处是平稳的, 则

$$D^* \hat{\mathcal{Q}}^N(\bar{y}^N, \bar{v}^N)(\bar{u}^N) = \nabla^2 \hat{g}^N(\bar{y}^N) \bar{d}^N \bar{u}^N$$
$$+ D^*(\mathcal{N}_{\mathcal{K}} \circ \hat{g}^N)((\bar{y}^N), \bar{v}^N)(\hat{p}^N(\bar{y}^N)^{\mathrm{T}} \bar{u}^N). \tag{6.16}$$

考虑映射 $\mathcal{T} := \mathcal{N}_{\mathcal{K}} \circ \hat{g}^N$, 即

$$\text{gph}\mathcal{T} = \{(y, d) \in \mathbb{R}^m \times \mathbb{R}^p \mid (\hat{g}^N(y), d)^{\mathrm{T}} \in \text{gph}\mathcal{N}_{\mathcal{K}} \text{ w.p.1}\}.$$

又 $\mathrm{gph}\mathcal{T} = M(0)$, $p_{I\cup J}(\bar{y})$ 具有行满秩, 由文献 [128] 中定理 4.4 知

$$\mathcal{N}_{\mathrm{gph}\mathcal{T}}(\bar{y}^N, \bar{d}^N) \subset \begin{pmatrix} \hat{p}^N(\bar{y}^N) & 0 \\ 0 & I \end{pmatrix} \mathcal{N}_{\mathrm{gph}\mathcal{N}_K}(\hat{g}^N(\bar{y}^N), \bar{d}^N) \ \mathrm{w.p.1.} \tag{6.17}$$

由命题 1.5 知

$$\hat{\mathcal{N}}_{\mathrm{gph}\mathcal{T}}(\bar{y}^N, \bar{d}^N) \supset \begin{pmatrix} \hat{p}^N(\bar{y}^N) & 0 \\ 0 & I \end{pmatrix} \hat{\mathcal{N}}_{\mathrm{gph}\mathcal{N}_K}(\hat{g}^N(\bar{y}^N), \bar{d}^N) \ \mathrm{w.p.1.} \tag{6.18}$$

又严格互补条件在 $(\bar{y}, \bar{d})$ 处成立, $\mathrm{gph}\mathcal{N}_K$ 在 $(r(\bar{y}), \bar{d})$ 处是正则的. 结合式 (6.17) 和式 (6.18), 则式 (6.17) 中的等式成立. 因此,

$$\begin{aligned} &D^*(\mathcal{N}_K \circ \hat{g}^N)(\bar{y}^N, \bar{d}^N)(\hat{p}^N(\bar{y}^N)^{\mathrm{T}}\bar{u}^N) \\ &= \hat{p}^N(\bar{y}^N)^{\mathrm{T}} D^*\mathcal{N}_K(\hat{g}^N(\bar{y}^N), \bar{d}^N)(\hat{p}^N(\bar{y}^N)^{\mathrm{T}}\bar{u}^N) \ \mathrm{w.p.1.} \end{aligned} \tag{6.19}$$

由式 (6.16) 和式 (6.19) 知, 式 (6.15) 成立.

下面的引理给出了近似函数的收敛性质.

引理 6.2 假设 6.1 中的 (1)~(5) 成立. 对每个 N, $(\bar{x}^N, \bar{y}^N) \in \Xi_N$ w.p.1, 且 $\{(\bar{x}^N, \bar{y}^N)\}$ w.p.1 收敛到 $(\bar{x}, \bar{y})$. 则

$$\hat{\phi}^N(\bar{x}^N, \bar{y}^N) \to \mathbb{E}[\phi(\bar{x}, \bar{y}, \xi)] \ \mathrm{w.p.1,}$$

$$\hat{F}^N(\bar{x}^N, \bar{y}^N) \to \mathbb{E}[F(\bar{x}, \bar{y}, \xi)] \ \mathrm{w.p.1,}$$

$$\hat{g}^N(\bar{y}^N) \to \mathbb{E}[g(\bar{y}, \xi)] \ \mathrm{w.p.1,}$$

$$\nabla\hat{F}^N(\bar{x}^N, \bar{y}^N) \to \mathbb{E}[\nabla F(\bar{x}, \bar{y}, \xi)] = \nabla\mathbb{E}[F(\bar{x}, \bar{y}, \xi)] \ \mathrm{w.p.1,}$$

$$\nabla\hat{g}^N(\bar{y}^N) \to \mathbb{E}[\nabla g(\bar{y}, \xi)] = \nabla\mathbb{E}[g(\bar{y}, \xi)] \ \mathrm{w.p.1,}$$

$$\nabla^2\hat{g}^N(\bar{y}^N) \to \mathbb{E}[\nabla^2 g(\bar{y}, \xi)] = \nabla^2\mathbb{E}[g(\bar{y}, \xi)] \ \mathrm{w.p.1.}$$

证明 证明与文献 [131] 中引理 3.1 相似, 省略此证明.

接下来给出 SAA 问题的弱 KKT 条件.

定理 6.2 假设 6.1 到假设 6.3 成立. 对几乎每个 $\xi \in \Theta$, 函数 ϕ 是 Lipschitz 连续的, $\mathcal{J}_{x,y}F(\bar{x}, \bar{y}, \xi)$ 具有行满秩. 设 $(\bar{x}^N, \bar{y}^N)$ 是问题 (SAA-P) 的 Pareto 弱有效解, $(\bar{x}, \bar{y})$ 是序列 $\{(\bar{x}^N, \bar{y}^N)\}$ 的聚点. $\bar{d}^N$ 是 $\hat{\mathcal{L}}^N(\bar{x}^N, \bar{y}^N, d) = 0$ 的解, 则存在有界乘子 $\bar{u}^N \in \mathbb{R}^m$ 使得

$$0 \in \Upsilon^N(\bar{x}^N, \bar{y}^N) + \nabla\hat{F}^N(\bar{x}^N, \bar{y}^N)^{\mathrm{T}}\bar{u}^N + \mathcal{N}_C(\bar{x}^N, \bar{y}^N) + \nabla^2\hat{g}^N(\bar{y}^N)\bar{d}^N\bar{u}^N$$

$$+ \nabla\hat{g}^N(\bar{y}^N)D^*\mathcal{N}_K(\hat{g}^N(\bar{y}^N), \bar{d}^N)(\nabla\hat{g}^N(\bar{y}^N)^{\mathrm{T}}\bar{u}^N) \ \mathrm{w.p.1,} \tag{6.20}$$

式中, $\Upsilon^N(\bar{x}^N, \bar{y}^N) = \dfrac{1}{N}\sum_{k=1}^{N}\partial\langle\mu^*, \hat{\phi}^N\rangle(\bar{x}^N, \bar{y}^N)$.

证明　当假设 6.2 与假设 6.3 成立时, 对每个 N 和 $\bar{d}^N \in \Lambda_N(\bar{x}^N, \bar{y}^N)$ w.p.1, 映射 $\hat{\mathcal{M}}^N$ 和 $\hat{\mathcal{P}}^N$ 在 $(0_{2p}, \bar{y}^N, \bar{d}^N)$ 和 $(0_m, 0_{2p}, \bar{x}^N, \bar{y}^N, \bar{d}^N)$ 几乎处处是平稳的. 由引理 6.1 知, 存在 $\mu^* \in \partial\psi(\phi^N(\bar{x}^N, \bar{y}^N))$ 使得

$$0 \in \partial\langle\mu^*, \hat{\phi}^N\rangle(\bar{x}^N, \bar{y}^N) + \mathcal{N}_{\Xi_N}(\bar{x}^N, \bar{y}^N). \tag{6.21}$$

又

$$\partial\langle\mu^*, \hat{\phi}^N\rangle(\bar{x}^N, \bar{y}^N)$$

$$= \partial\left(\frac{1}{N}\sum_{k=1}^{N}\langle\mu^*, \phi(\cdot, \cdot, \xi^k)\rangle(\bar{x}^N, \bar{y}^N)\right) \subset \frac{1}{N}\sum_{k=1}^{N}\partial\langle\mu^*, \phi(\cdot, \cdot, \xi^k)\rangle(\bar{x}^N, \bar{y}^N), \tag{6.22}$$

结合式 (6.21)、式 (6.22) 和命题 6.5 知, 式 (6.20) 成立.

下面证明 $\bar{u}^N$ 的有界性. 用反证法证明, 假设当 $N \to \infty$, 有 $\|\bar{u}^N\| \to \infty$ w.p.1, 则存在 $\alpha^N \to 0$ w.p.1, $N \to \infty$ 使得 $\alpha^N\bar{u}^N \to \hat{u}, \|\hat{u}\| \neq 0$ w.p.1 几乎处处成立. 对式 (6.20) 乘以 α^N 得

$$0 \in \partial\langle\mu^*, \hat{\phi}^N\rangle(\bar{x}^N, \bar{y}^N)\alpha^N + \nabla\hat{F}^N(\bar{x}^N, \bar{y}^N)^{\mathrm{T}}\alpha^N\bar{u}^N + \alpha^N\mathcal{N}_C(\bar{x}^N, \bar{y}^N)$$

$$+ \nabla^2\hat{g}^N(\bar{y}^N)\bar{d}^N\alpha^N\bar{u}^N + \alpha^N\nabla\hat{g}^N(\bar{y}^N)^{\mathrm{T}}D^*\mathcal{N}_{\mathcal{K}}(\hat{g}^N(\bar{y}^N), \bar{d}^N)(\nabla\hat{g}^N(\bar{y}^N)\bar{u}^N) \text{ w.p.1.} \tag{6.23}$$

因此, 存在 $\bar{w}^N \in \partial\langle\mu^*, \hat{\phi}^N\rangle(\bar{x}^N, \bar{y}^N)$, $\bar{\rho}^N \in \mathcal{N}_C(\bar{x}^N, \bar{y}^N)$ 和

$$\bar{v}^N \in D^*\mathcal{N}_{\mathcal{K}}(\hat{g}^N(\bar{y}^N), \bar{d}^N)(\nabla\hat{g}^N(\bar{y}^N)\bar{u}^N) \text{ w.p.1}$$

使得

$$\bar{w}^N\alpha^N + \nabla\hat{F}^N(\bar{x}^N, \bar{y}^N)^{\mathrm{T}}\alpha^N u^N + \alpha^N\bar{\rho}^N + \nabla^2\hat{g}^N(\bar{y}^N)\bar{d}^N\alpha^N\bar{u}^N$$

$$+ \alpha^N\nabla\hat{g}^N(\bar{y}^N)^{\mathrm{T}}\bar{v}^N = 0 \text{ w.p.1.}$$

而 $\phi(x, y, \xi)$ 是 Lipschitz 函数, 则 $\langle\mu^*, \hat{\phi}^N\rangle$ 也是 Lipschitz 的. 由文献 [3] 中推论 1.81 知, $\bar{w}^N$ 是有界的. 由文献 [1] 中命题 6.6 知, $\mathcal{N}_C(\cdot, \cdot)$ 是外半连续的, 则

$$\limsup_{N \to \infty}\mathcal{N}_C(\bar{x}^N, \bar{y}^N) \subset \mathcal{N}_C(\bar{x}, \bar{y}) \text{ w.p.1.} \tag{6.24}$$

由命题 6.2 中 (1) 得, $D^*\mathcal{N}_{\mathcal{K}}$ 是外半连续的. 由引理 6.2 知

$$\limsup_{N \to \infty}D^*\mathcal{N}_{\mathcal{K}}(\hat{g}^N(\bar{y}^N), \bar{d}^N)(\nabla\hat{g}^N(\bar{y}^N)\bar{u}^N)$$

$$\subset D^*\mathcal{N}_{\mathcal{K}}(\mathbb{E}[g(\bar{y}, \xi)], \bar{d})(\mathbb{E}[\nabla g(\bar{y}, \xi)]\bar{u}) \text{ w.p.1.} \tag{6.25}$$

结合式 (6.24) 和式 (6.25), 令 $N \to \infty$, 则存在 $\upsilon \in D^*\mathcal{N}_\mathcal{K}(\mathbb{E}[g(\bar{y},\xi)],\bar{d})(\mathbb{E}[\nabla g(\bar{y},\xi)]\hat{u})$ 和 $\rho \in \mathcal{N}_C(\bar{x},\bar{y})$ 使得

$$0 + \mathbb{E}[\nabla F(\bar{x},\bar{y},\xi)]^\mathrm{T}\hat{u} + 0 \cdot \rho + \mathbb{E}[\nabla^2 g(\bar{y},\xi)]^\mathrm{T}\hat{u} + 0 \cdot \mathbb{E}[\nabla g(\bar{y},\xi)]^\mathrm{T}\upsilon = 0 \text{ w.p.1}.$$

从假设 6.3 知 $\hat{u} = 0$ w.p.1, 这是矛盾的, 则 $\bar{u}^N$ 是有界的.

6.4 渐近收敛性分析

6.4.1 SAA 问题的 KKT 点的收敛性

这一节给出问题 (SAA-P) 的弱 KKT 点的收敛性. 当样本数量趋于无穷时, 问题的 (SAA-P) 的弱 KKT 序列收敛到问题 (P) 的弱 KKT 点. 首先给出 SAA 映射的伴同导数的收敛性.

命题 6.6 假设 6.1 中的 (1)、(3)、(5) 和假设 6.3 成立. 设 $(\bar{y}^N, \bar{v}^N) \in \mathrm{gph}\hat{\mathcal{Q}}^N$ w.p.1, 且 $\{(\bar{y}^N, \bar{v}^N)\}$ w.p.1 收敛到 $(\bar{y},\bar{v})$, $N \to \infty$. 假设 $p_{I\cup J}(\bar{y})$ 具有行满秩, 则

$$\mathbb{D}(D^*\hat{\mathcal{Q}}^N(\bar{y}^N, \bar{v}^N)(\bar{u}^N), D^*\mathcal{Q}(\bar{y},\bar{v})(\bar{u})) \to 0 \text{ w.p.1 } \stackrel{}{\to} N \to \infty.$$

证明 由命题 6.1 知, 只需证明 $\limsup\limits_{N\to\infty} D^*\hat{\mathcal{Q}}^N(\bar{y}^N,\bar{v}^N)(\bar{u}^N) \subset D^*\mathcal{Q}(\bar{y},\bar{v})(\bar{u})$ w.p.1 即可. 令 $\bar{\zeta}^N \to \bar{\zeta}$ w.p.1, $\bar{\zeta}^N \in D^*\hat{\mathcal{Q}}^N(\bar{y}^N,\bar{v}^N)(\bar{u}^N)$ w.p.1, $N \to \infty$. 又 $\bar{\zeta}^N \in D^*\hat{\mathcal{Q}}^N(\bar{y}^N,\bar{v}^N)(\bar{u}^N)$, 由命题 6.5 中的式 (6.15) 知, 存在 $\bar{d}^N \in \Lambda_N(\bar{x}^N,\bar{y}^N)$ 满足

$$\bar{\zeta}^N \in \nabla^2\hat{g}^N(\bar{y}^N)\bar{d}^N\bar{u}^N + \hat{p}^N(\bar{y}^N)^\mathrm{T}D^*\mathcal{N}_\mathcal{K}(\hat{g}^N(\bar{y}^N),\bar{d}^N)\,(\hat{p}^N(\bar{y}^N)^\mathrm{T}\bar{u}^N) \text{ w.p.1}.$$

则存在 $\bar{\eta}^N \in D^*\mathcal{N}_\mathcal{K}(\hat{g}^N(\bar{y}^N),\bar{d}^N)\,(\hat{p}^N(\bar{y}^N)^\mathrm{T}\bar{u}^N)$ 使得

$$\bar{\zeta}^N = \nabla^2\hat{g}^N(\bar{y}^N)\bar{d}^N\bar{u}^N + \hat{p}^N(\bar{y}^N)^\mathrm{T}\bar{\eta}^N \text{ w.p.1}. \tag{6.26}$$

由文献 [78] 中命题 2.7 知, $D^*\mathcal{N}_\mathcal{K}$ 是外半连续的, 且存在 $\bar{\eta} \in \mathbb{R}^p$ 使得 $\bar{\eta}^N \to \bar{\eta}$ w.p.1, $\bar{\eta} \in D^*\mathcal{N}_\mathcal{K}(r(\bar{y}),\bar{d})\,(p(\bar{y})^\mathrm{T}\bar{u}^N)$, $N \to \infty$. 对式 (6.26), 令 $N \to \infty$, 得到

$$\bar{\zeta} = (\mathbb{E}[\nabla^2 g(\bar{y},\xi)]\bar{d})^\mathrm{T}\bar{u} + p(\bar{y})^\mathrm{T}\bar{\eta} \text{ w.p.1},$$

即

$$\bar{\zeta} \in (\mathcal{J}p(\bar{y})^\mathrm{T}\bar{d})^\mathrm{T}\bar{u} + \mathcal{J}r(\bar{y})^\mathrm{T}D^*\mathcal{N}_\mathcal{K}(r(\bar{y}),\bar{d})(p(\bar{y})^\mathrm{T}\bar{u}) \text{ w.p.1}.$$

由命题 6.4 中的式 (6.5) 知, $\bar{\zeta} \in D^*\mathcal{Q}(\bar{y},\bar{v})(\bar{u})$ w.p.1, 证明完毕.

现在给出弱 KKT 点的收敛性, 记

$$
\begin{aligned}
\mathcal{A}(\bar{x}, \bar{y}, \bar{u}) := {} & \mathbb{E}[\partial\langle\mu^*, \phi(\cdot, \cdot, \xi)\rangle(\bar{x}, \bar{y})] + \mathbb{E}[\nabla F(\bar{x}, \bar{y}, \xi)]^\mathrm{T}\bar{u} \\
& + \mathcal{N}_C(\bar{x}, \bar{y}) + \mathbb{E}[\nabla^2 g(\bar{y}, \xi)\bar{d}]\bar{u} \\
& + \mathbb{E}[\nabla g(\bar{y}, \xi)]D^*\mathcal{N}_\mathcal{K}(\mathbb{E}[g(\bar{y}, \xi)], \bar{d})(\mathbb{E}[\nabla g(\bar{y}, \xi)]\bar{u}),
\end{aligned}
\tag{6.27}
$$

$$
\begin{aligned}
\mathcal{A}^N(\bar{x}^N, \bar{y}^N, \bar{u}^N) := {} & \varUpsilon^N(\bar{x}^N, \bar{y}^N) + \nabla\hat{F}^N(\bar{x}^N, \bar{y}^N)^\mathrm{T}\bar{u}^N \\
& + \mathcal{N}_C(\bar{x}^N, \bar{y}^N) + \nabla^2\hat{g}^N(\bar{y}^N)\bar{d}^N\bar{u}^N \\
& + \nabla\hat{g}^N(\bar{y}^N)D^*\mathcal{N}_\mathcal{K}(\hat{g}^N(\bar{y}^N), \bar{d}^N)(\nabla\hat{g}^N(\bar{y}^N)\bar{u}^N).
\end{aligned}
\tag{6.28}
$$

则式 (6.8) 和式 (6.20) 的弱 KKT 条件分别可以写为

$$
0 \in \mathcal{A}(\bar{x}, \bar{y}, \bar{u}),
\tag{6.29}
$$

$$
0 \in \mathcal{A}^N(\bar{x}^N, \bar{y}^N, \bar{u}^N).
\tag{6.30}
$$

由文献 [1] 中定理 5.37 知, 若 $\mathcal{A}^N$ 在点 $(\bar{x}, \bar{y}, \bar{u})$ w.p.1 图收敛到 $\mathcal{A}$, 且式 (6.30) 成立, 则式 (6.29) 成立, 即 $(\bar{x}, \bar{y}, \bar{u})$ 是问题 (P) 的弱 KKT 点. 下面给出这一结果.

定理 6.3　映射 $\mathcal{A}: \mathbb{R}^n \times \mathbb{R}^m \times \mathbb{R}^m \rightrightarrows \mathbb{R}^{m+n}$ 和 $\mathcal{A}^N: \mathbb{R}^n \times \mathbb{R}^m \times \mathbb{R}^m \rightrightarrows \mathbb{R}^{m+n}$ 由式 (6.27) 和式 (6.28) 给出. 假设定理 6.1 中的条件均成立. 设 $\{(\bar{x}^N, \bar{y}^N)\}$ 是满足式 (6.20) 的弱 KKT 序列, $(\bar{x}, \bar{y})$ 是序列的 (x^N, y^N) 聚点, 则

$$
(\mathrm{g} - \limsup_N \mathcal{A}^N)(\bar{x}, \bar{y}, \bar{u}) \subset \mathcal{A}(\bar{x}, \bar{y}, \bar{u}) \text{ w.p.1}.
\tag{6.31}
$$

进一步地, $(\bar{x}, \bar{y})$ w.p.1 满足式 (6.8) 中的弱 KKT 条件.

证明　首先证明式 (6.31) 成立. 由命题 6.3 知, 只需证明

$$
\bigcup_{\{(\bar{x}^N, \bar{y}^N, \bar{u}^N) \xrightarrow{\mathrm{w.p.1}} (\bar{x}, \bar{y}, \bar{u})\}} \limsup_{N \to \infty} \mathcal{A}^N(\bar{x}^N, \bar{y}^N, \bar{u}^N) \subset \mathcal{A}(\bar{x}, \bar{y}, \bar{u}) \text{ w.p.1}.
$$

不失一般性, 假设 $(\bar{x}^N, \bar{y}^N, \bar{u}^N) \to (\bar{x}, \bar{y}, \bar{u})$ w.p.1, $N \to \infty$. 由文献 [136] 知

$$
\varUpsilon^N(\bar{x}^N, \bar{y}^N) \to \mathbb{E}[\mathrm{conv}\partial\langle\mu^*, \phi(\cdot, \cdot, \xi)\rangle(\bar{x}, \bar{y})] \text{ w.p.1}, \quad N \to \infty.
$$

而 ξ 的可测空间是非原子的, 则 $\mathbb{E}[\mathrm{conv}\partial\langle\mu^*, \phi(\cdot, \cdot, \xi)\rangle(\bar{x}, \bar{y})] = \mathbb{E}[\partial\langle\mu^*, \phi(\cdot, \cdot, \xi)\rangle(\bar{x}, \bar{y})]$, 而且

$$
\varUpsilon^N(\bar{x}^N, \bar{y}^N) \to \mathbb{E}[\partial\langle\mu^*, \phi(\cdot, \cdot, \xi)\rangle(\bar{x}, \bar{y})] \text{ w.p.1}, \quad N \to \infty.
\tag{6.32}
$$

由引理 6.2 知

$$\lim_{N\to\infty} \hat{F}^N(\bar{x}^N, \bar{y}^N)^{\mathrm{T}} \bar{u}^N = \mathbb{E}[\nabla F(\bar{x}, \bar{y}, \xi)]^{\mathrm{T}} \bar{u} \text{ w.p.1.} \tag{6.33}$$

类似地, 我们有

$$\lim_{N\to\infty} \nabla^2 \hat{g}^N(\bar{y}^N) \bar{d}^N \bar{u}^N = \mathbb{E}[\nabla^2 g(\bar{y}, \xi) \bar{d}] \bar{u} \text{ w.p.1.} \tag{6.34}$$

在命题 6.2 (2) 中, 令 $S := \nabla g$, $T := \mathcal{N}_{\mathcal{K}}$, 则 $\nabla g D^* \mathcal{N}_{\mathcal{K}}$ 是外半连续的, 因此,

$$\limsup_{N\to\infty} \nabla \hat{g}^N(\bar{y}^N) D^* \mathcal{N}_{\mathcal{K}}(\hat{g}^N(\bar{y}^N), \bar{d}^N)(\nabla \hat{g}^N(\bar{y}^N)\bar{u}^N)$$

$$\subset \mathbb{E}[\nabla g(\bar{y}, \xi)] D^* \mathcal{N}_{\mathcal{K}}(\mathbb{E}[g(\bar{y}, \xi)], \bar{d})(\mathbb{E}[\nabla g(\bar{y}, \xi)]\bar{u}) \text{ w.p.1.} \tag{6.35}$$

结合引理 6.2 和式 (6.32)~ 式 (6.35), 得到

$$\limsup_{N\to\infty} \mathcal{A}^N(\bar{x}^N, \bar{y}^N, \bar{u}^N) \subset \mathcal{A}(\bar{x}, \bar{y}, \bar{u}) \text{ w.p.1,}$$

因此, 式 (6.31) 成立. 又 $(\bar{x}^N, \bar{y}^N)$ 满足式 (6.20) 中的弱 KKT 条件, 即 $0 \in \mathcal{A}^N(\bar{x}^N, \bar{y}^N, \bar{u}^N)$, 根据以上证明可知, $\mathcal{A}^N$ w.p.1 图收敛到 $\mathcal{A}$. 将文献 [1] 中定理 5.37 应用到 $\mathcal{A}^N$, 则可得到 $(\bar{x}, \bar{y})$ 是式 (6.8) 的弱 KKT 点.

6.4.2 SAA 问题的最优解集的收敛性

这一节主要研究 SAA 问题的最优解集的收敛性. 众所周知, 当问题是凸问题时, KKT 点即为最优点. 应用已知的多目标优化问题的标量化结果, 参见文献 [125] 中定理 2.5 和文献 [137]、[138], 我们得到 SAA 问题的最优解集的收敛性.

对目标函数, 下面的假设成立.

(1) 对几乎所有的 $\xi \in \Theta$, $\phi(x, y, \xi)$ 在 $\mathbb{R}^n \times \mathbb{R}^m$ 上是严格凸的.

(2) 对几乎所有的 $\xi \in \Theta$, $F(x, y, \xi)$ 在 $\mathbb{R}^n \times \mathbb{R}^m$ 上是单调的.

定理 6.4 假设 (1)、(2) 成立, 则

$$\bigcup_{\mu \in \mathbb{R}^l_+ \backslash \{0\}} \underset{(x,y)\in \Xi}{\arg\min} \langle \mu, \mathbb{E}[\phi(x, y, \xi)] \rangle = E_W.$$

进一步地, 对几乎所有的 $\xi \in \Theta$, 对每个 N, 成立

$$\bigcup_{\mu \in \mathbb{R}^l_+ \backslash \{0\}} \underset{(x,y)\in \Xi_N}{\arg\min} \langle \mu, \hat{\phi}^N(x, y) \rangle = E_W^N \text{ w.p.1.}$$

证明 由 (1)、(2) 和文献 [125] 知, 对几乎每个 $\xi \in \Theta$, Ξ 是凸的. 从文献 [140] 中定理 2 知, 第一个等式成立. 同样地, 由文献 [125] 中定理 2.5 知, 第二个等式也成立.

下面的命题给出了 Pareto 弱有效解集的性质.

命题 6.7 在假设 (1) 和 (2) 之下, 下面的结论成立:

(1) Pareto 弱有效解集 E_W 是紧集, 且对每个 N, 对几乎每个 $\xi \in \Theta$, SAA 的 Pareto 弱有效解集 E_W^N 也是紧集.

(2) Pareto 弱有效解集 $E_W \neq \emptyset$, 且对每个 N, 对几乎每个 $\xi \in \Theta$, SAA 的 Pareto 弱有效解 $E_W^N \neq \emptyset$.

证明 (1) 因为集合 C 是紧的, Ξ 也是紧的, E_W 是 Ξ 的子集, 对几乎每个 $\xi \in \Theta$, $\phi(x, y, \xi)$ 是连续的, 则 E_W 是紧的. 对 E_W^N, 也同样地证明.

(2) 由于 Ξ 是紧的, 对 $\mu \in \mathbb{R}_+^l \backslash \{0\}$, $\langle \mu, \mathbb{E}[\phi(x, y, \xi)] \rangle$ 在 Ξ 上是连续的. 由 Weierstras 定理知, $\underset{(x,y)\in\Xi}{\arg\min}\langle\mu, \mathbb{E}[\phi(x, y, \xi)]\rangle \neq \emptyset$, 则 $E_W \neq \emptyset$. 同样地, 可得 $E_W^N \neq \emptyset$.

在给出最优解集的收敛性之前, 先证明问题 (SAA-P) 的可行集的收敛性, 即证明 SAA 参数变分不等式的解映射的收敛性.

命题 6.8 假设 6.1 中的 (1)、(4)、(5) 成立. 设 $\mathcal{S}(x)$ 和 $\mathcal{S}_N(x)$ 是广义方程 (6.1) 和 (6.13) 的解映射. $\{\bar{x}^N\} \subset \mathbb{R}^n$ w.p.1 收敛到 $\bar{x}$, $N \to \infty$. 进一步地, $p_{I\cup J}(\bar{y})$ 具有行满秩, 则

$$\mathbb{D}(\mathcal{S}_N(\bar{x}^N), \mathcal{S}(\bar{x})) \to 0 \text{ w.p.1}, \ N \to \infty.$$

证明 由命题 6.1 (2) 知, 只需证明 $\underset{N\to\infty}{\limsup} \mathcal{S}_N(\bar{x}^N) \subset \mathcal{S}(\bar{x})$ w.p.1. 令 $\bar{y}$ 为 $\bar{y}^N$ 的聚点, $\bar{y}^N \in \mathcal{S}_N(\bar{x}^N)$ w.p.1. 不失一般性, 设 $\bar{y}^N \to \bar{y}$ w.p.1, $N \to \infty$. 由 $\bar{y}^N \in \mathcal{S}_N(\bar{x}^N)$ w.p.1 知

$$0 \in \hat{F}^N(\bar{x}^N, \bar{y}^N) + \mathcal{N}_{\Gamma_N}(\bar{y}^N) \text{ w.p.1}. \tag{6.36}$$

矩阵 $p_{I\cup J}(\bar{y})$ 具有行满秩, 则

$$\mathcal{N}_{\Gamma_N}(\bar{y}^N) = \nabla\hat{g}^N(\bar{y}^N)\mathcal{N}_{\mathcal{K}}(\hat{g}^N(\bar{y}^N)) \text{ w.p.1}. \tag{6.37}$$

结合式 (6.36) 和式 (6.37) 知, 存在 $\bar{d}^N \in \mathcal{N}_{\mathcal{K}}(\hat{g}^N(\bar{y}^N))$ w.p.1 使得

$$\hat{F}^N(\bar{x}^N, \bar{y}^N) + \nabla\hat{g}^N(\bar{y}^N)\bar{d}^N = 0 \text{ w.p.1}. \tag{6.38}$$

下面证明 $\bar{d}^N$ w.p.1 是有界的. 反证法证明, 假设存在 $\alpha^N \to 0$ 使得 $\alpha^N\bar{d}^N \to \tilde{d}, \tilde{d} \neq 0$ w.p.1, $N \to \infty$. 对式 (6.38) 乘以 α^N, 令 $N \to \infty$, 得到 $p(\bar{y})^{\mathrm{T}}\tilde{d} = 0$ w.p.1. 又 $p_{I\cup J}(\bar{y})$ 具有行满秩, 则 $\tilde{d}_{I\cup J} = 0$ w.p.1, $i \in I \cup J$. 由 $\mathbb{E}[g(\bar{y}, \xi)] < 0$ 和法锥的定义知, $\tilde{d}_i = 0, i \notin I \cup J$ w.p.1. 因此, $\tilde{d} = 0$ w.p.1, 这是矛盾的. 不失一般性, 存在 $\bar{d} \in \mathbb{R}^m$ 使得 $\bar{d}^N \to \bar{d}, \bar{d} \in \mathcal{N}_{\mathcal{K}}(r(\bar{y}))$ w.p.1, $N \to \infty$. 由式 (6.38) 知

$$0 \in \Psi(\bar{x}, \bar{y}) + p(\bar{y})^{\mathrm{T}}\mathcal{N}_{\mathcal{K}}(r(\bar{y})) \text{ w.p.1},$$

在基本约束规范之下, 成立 $\bar{y} \in \mathcal{S}(\bar{x})$ w.p.1, 证明完毕.

在定理 6.4 之下, 给出 Pareto 弱有效解集的收敛性.

定理 6.5 假设 (1)、(2) 成立, 对几乎每个 $\xi \in \Theta$, $p_{I \cup J}(\bar{y})$ 具有行满秩. 集合 E_W 和 E_W^N 由定理 6.4 给出. 假设对 $(\tilde{x}, \tilde{y}) \in E_W$, 存在 $(\tilde{x}^N, \tilde{y}^N) \in \Xi_N$ 使得 $(\tilde{x}^N, \tilde{y}^N) \to (\tilde{x}, \tilde{y})$ w.p.1, $N \to \infty$. 则

$$\mathbb{D}(E_W^N, E_W) \to 0 \text{ w.p.1}, \ N \to \infty.$$

证明 只需证明 $\limsup\limits_{N \to \infty} E_W^N \subset E_W$ w.p.1 即可. 取 $(\bar{x}^N, \bar{y}^N) \in \Xi_N$, 令 $(\bar{x}^N, \bar{y}^N) \to (\bar{x}, \bar{y})$ w.p.1, $N \to \infty$. 又 $(\bar{x}^N, \bar{y}^N) \in \Xi_N$, 由定理 6.4 知, 存在 $\mu \in \mathbb{R}_+^l \backslash \{0\}$ 使得 $(\bar{x}^N, \bar{y}^N) \in \arg\min\limits_{(x,y) \in \Xi_N} \langle \mu, \hat{\phi}^N(x,y) \rangle$, 则 $(\bar{x}^N, \bar{y}^N) \in \Xi_N$. 对 $(\bar{x}^N, \bar{y}^N) \in C$, 成立

$$(\bar{x}^N, \bar{y}^N) \in \Xi_N \Longleftrightarrow \bar{y}^N \in \mathcal{S}_N(\bar{x}^N).$$

由命题 6.8 知 $\limsup\limits_{N \to \infty} \mathcal{S}_N(\bar{x}^N) \subset \mathcal{S}(\bar{x})$ w.p.1, 则 $\bar{y} \in \mathcal{S}(\bar{x})$, $(\bar{x}, \bar{y}) \in \Xi$. 另外, 对 $(\tilde{x}, \tilde{y}) \in E_W$, 存在 $(\tilde{x}^N, \tilde{y}^N) \in \Xi_N$ 使得 $(\tilde{x}^N, \tilde{y}^N) \to (\tilde{x}, \tilde{y})$ w.p.1, $N \to \infty$. 又 $(\bar{x}^N, \bar{y}^N) \in \arg\min\limits_{(x,y) \in \Xi_N} \langle \mu, \hat{\phi}^N(x,y) \rangle$, 则

$$\langle \mu, \hat{\phi}^N(\bar{x}^N, \bar{y}^N) \rangle \leqslant \langle \mu, \hat{\phi}^N(\tilde{x}^N, \tilde{y}^N) \rangle \text{ w.p.1}.$$

令 $N \to \infty$, 则

$$\langle \mu, \mathbb{E}[\phi(\bar{x}, \bar{y}, \xi)] \rangle \leqslant \langle \mu, \mathbb{E}[\phi(\tilde{x}, \tilde{y}, \xi)] \rangle.$$

而 $(\tilde{x}, \tilde{y}) \in E_W$, $\phi(x, y, \xi)$ 是严格凸的, 则 $(\bar{x}, \bar{y}) = (\tilde{x}, \tilde{y})$, $(\bar{x}, \bar{y}) \in E_W$.

6.5 数值实验及结果

在这一节中, 我们给出两个例子来说明用 SAA 方法来近似原始问题的有效性. 为了便于计算, 我们考虑互补约束的随机多目标优化问题.

例 6.1 考虑下面具有互补约束的随机多目标优化问题:

$$\begin{aligned} &\min \ \mathbb{E}[\phi_1(x, y, \xi), \phi_1(x, y, \xi)] \\ &\text{s. t. } 0 \leqslant y \perp F(x, y, \xi) \geqslant 0, \\ &\qquad (x, y) \in C, \end{aligned}$$

式中,

$$\begin{pmatrix} \phi_1(x, y, \xi) \\ \phi_2(x, y, \xi) \end{pmatrix} = \begin{pmatrix} x^2 - 2x - y + \xi \\ \dfrac{1}{4}x^2 - x + \dfrac{5}{8} + \dfrac{1}{2}y + \dfrac{1}{2}\xi \end{pmatrix}, \qquad F(x, y, \xi) = y - x - \xi.$$

随机变量 ξ 服从区间 $[1,2]$ 上的均匀分布, 可行集 $C = [0,2] \times [0,2]$. 从互补约束问题知, 存在唯一解 y, 即

$$y(x,\xi) = \begin{cases} x - \xi, & \text{若 } \xi \leqslant x, \\ 0, & \text{否则}. \end{cases}$$

目标函数的分量函数的期望为

$$\mathbb{E}[\phi_1(x,y,\xi)] = x^2 - 2x - \int_1^x (x-t)\mathrm{d}t + \frac{3}{2} = \frac{1}{2}x^2 - x + 1,$$

$$\mathbb{E}[\phi_2(x,y,\xi)] = \frac{1}{4}x^2 - x + \frac{5}{8} + \frac{1}{2}\int_1^x (x-t)\mathrm{d}t + \frac{3}{4} = \frac{1}{2}x^2 - \frac{3}{2}x + \frac{13}{8}.$$

从函数图像可以得出, 问题的 Pareto 弱有效解 $E_w = \left[1, \dfrac{3}{2}\right] \times \left[0, \dfrac{1}{2}\right]$. 取评价函数 $\psi(z_1, z_2) = \dfrac{1}{2}z_1 + 2z_2$, 则上述多目标优化问题变为

$$\min \psi(\mathbb{E}[\phi_1(x,y,\xi), \phi_2(x,y,\xi)]) = \min_{x \in [0,2]} \left[\frac{5}{4}x^2 - \frac{7}{2}x + \frac{15}{4}\right].$$

该问题的最优值为 $\psi_{\min} = 1.3$, 最优解为 $x_{\min} = \dfrac{7}{5}$.

令 $\xi = (\xi^1, \xi^2, \cdots, \xi^N)$, 对每个样本 $\xi^k, k = 1, 2, \cdots, N$, 互补约束问题的解为

$$y^k(x,\xi^k) = \begin{cases} x - \xi^k, & \text{若 } \xi^k \leqslant x, \\ 0, & \text{否则}, \end{cases}$$

即 $y^k(x,\xi^k) = \max\{x - \xi^k, 0\}$. SAA 目标函数变为

$$\hat{\phi}_1^N(x,y) = x^2 - 2x - \frac{1}{N}\sum_{k=1}^N \max\{x - \xi^k, 0\} + \frac{1}{N}\sum_{k=1}^N \xi^k,$$

$$\hat{\phi}_2^N(x,y) = \frac{1}{4}x^2 - x + \frac{5}{8} + \frac{1}{2N}\sum_{k=1}^N \max\{x - \xi^k, 0\} + \frac{1}{2N}\sum_{k=1}^N \xi^k,$$

SAA 标量化问题变为

$$\min \psi(\hat{\phi}_1^N(x,y), \hat{\phi}_2^N(x,y)) = \min\left(x^2 - 3x + \frac{5}{4} + \frac{1}{2N}\sum_{k=1}^N \max\{x - \xi^k, 0\} + \frac{3}{2N}\sum_{k=1}^N \xi^k\right).$$

对样本数量 $N = 1, 2, \cdots, 300$, 我们给出 SAA 标量化问题的最优值与最优解, 数值实验的结果在图 6.1 和图 6.2 中给出. 从图 6.1 可以看出, 随着样本数量 N 的增大, SAA 标量化问题的最优值逐渐趋近于原始问题的最优解. 这说明 SAA 标量

化方法求解这一问题是合理的. E_w 中的分量 x 为 $\left[1, \dfrac{3}{2}\right]$. 由定理 6.4 知, 原始问题 (或 SAA 问题) 的 Pareto 弱有效解集等价于其标量化问题 (SAA 标量化问题) 的最小解. 图 6.2 给出了 SAA 问题的最优解. 从 6.2 中可以看出大多数的解都在区间 $\left[1, \dfrac{3}{2}\right]$ 内, 这说明了 SAA 问题的 Pareto 弱有效解与原始的 Pareto 弱有效解的距离是很小的.

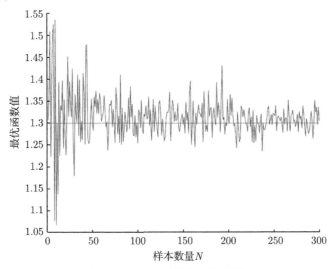

图 6.1　SAA 最优值的收敛性

虚直线表示原问题的最优值, 余同

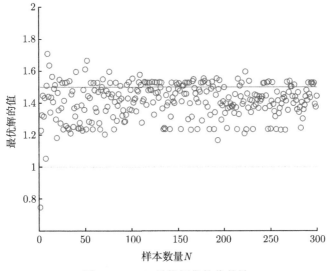

图 6.2　SAA 最优解集的收敛性

例 6.2　　在这个例子中, 我们考虑两维的具有互补约束问题的多目标优化问题:

$$\min \ \mathbb{E}[\phi_1(x,y,\xi), \phi_2(x,y,\xi)]$$
$$\text{s. t. } 0 \leqslant y \perp F(x,y,\xi) \geqslant 0,$$
$$(x,y) \in C,$$

式中, $x = (x_1, x_2)$; $y = (y_1, y_2)$; $\xi = (\xi_1, \xi_2)$. 分量函数为

$$\left(\begin{array}{c} \phi_1(x,y,\xi) \\ \phi_2(x,y,\xi) \end{array}\right) = \left(\begin{array}{c} \dfrac{x_1^2}{2} + \dfrac{x_2^2}{2} + x_1 + x_2 - y_1 - y_2 + 2\xi_1 + \xi_2 \\ -2x_1 x_2 + 3(x_1 - x_2) + 2y_1 + 2y_2 + \dfrac{2}{3}\xi_1 + 4\xi_2 \end{array}\right).$$

映射 F 和可行集 C 为

$$F(x,y,\xi) = \left(\begin{array}{c} y_1 - x_1 + \xi_1 \\ y_2 - x_2 + \xi_2 \end{array}\right), \qquad C = [0,1] \times [0,1] \times [0,1] \times [0,1].$$

随机变量 ξ 服从区间 $[0,1] \times [0,1]$ 的均匀分布. 从互补条件问题知, 存在唯一解 y 为

$$y_i(x_i, \xi_i) = \begin{cases} x_i - \xi_i, & \text{若 } \xi_i \leqslant x_i, \\ 0, & \text{否则.} \end{cases}$$

式中, $i = 1, 2$. 分量函数的期望为

$$\mathbb{E}[\phi_1(x,y,\xi)] = \frac{x_1^2}{2} + \frac{x_2^2}{2} + x_1 + x_2 - \int_0^{x_1} (x_1 - t)\mathrm{d}t$$
$$- \int_0^{x_2} (x_2 - t)\mathrm{d}t + 2\int_0^1 t\mathrm{d}t + \int_0^1 t\mathrm{d}t$$
$$= x_1 + x_2 + \frac{3}{2},$$

$$\mathbb{E}[\phi_2(x,y,\xi)] = -2x_1 x_2 + 3(x_1 - x_2) + 2\int_0^{x_1} (x_1 - t)\mathrm{d}t$$
$$+ 2\int_0^{x_2} (x_2 - t)\mathrm{d}t + \frac{2}{3}\int_0^1 t\mathrm{d}t + 4\int_0^1 t\mathrm{d}t$$
$$= x_1^2 + x_2^2 - 2x_1 x_2 + 3x_1 - 3x_2 + \frac{7}{3}.$$

$\mathbb{E}[\phi(C, \cdot)]$ 是四边形曲线域 $A_1 A_2 A_3 A_4$, 其中 $A_1\left(\dfrac{3}{2}, \dfrac{7}{3}\right)$, $A_2\left(\dfrac{5}{2}, \dfrac{1}{3}\right)$, $A_3\left(\dfrac{5}{2}, \dfrac{19}{3}\right)$,

$A_4\left(\dfrac{7}{2},\dfrac{7}{3}\right)$. 抛物线弧 $\widehat{A_1A_2}$, $\widehat{A_1A_3}$, $\widehat{A_2A_4}$, $\widehat{A_3A_4}$ 分别如下: 对 $s \in [0,1]$,

$$\widehat{A_1A_2}: s \to \left(s+\frac{3}{2}, s^2-3s+\frac{7}{3}\right), \quad \widehat{A_1A_3}: s \to \left(s+\frac{3}{2}, s^2+3s+\frac{7}{3}\right),$$

$$\widehat{A_2A_4}: s \to \left(s+\frac{5}{2}, s^2+s+\frac{1}{3}\right), \quad \widehat{A_3A_4}: s \to \left(s+\frac{5}{2}, s^2-5s+\frac{19}{3}\right).$$

原问题的 Pareto 有效像集为弧 $\widehat{A_1A_2}$（图 6.3 中粗线部分). 由 Pareto 有效解集的定义与互补条件知, 原问题的 Pareto 有效解集为 $E = \{0\} \times [0,1] \times \{0\} \times [0,1]$. 取 $\psi(z_1, z_2) = z_1 + z_2$, 则上述多目标优化问题变为

$$\min \psi(\mathbb{E}[\phi_1(x,y,\xi), \phi_2(x,y,\xi)]) = \min \left((x_1-x_2)^2 + 4x_1 - 2x_2 + \frac{23}{6}\right).$$

经过计算, 得到 $\psi_{\min} = 2.8333$, $x_{\min} = (0.0000, 0.9990)$.

同例 6.1 类似, SAA 的分量函数为

$$\hat{\phi}_1^N(x,y) = \frac{x_1^2}{2} + \frac{x_2^2}{2} + x_1 + x_2 - \frac{1}{N}\sum_{k=1}^N \max\{x_1-\xi_1^k, 0\} - \frac{1}{N}\sum_{k=1}^N \max\{x_2-\xi_2^k, 0\}$$

$$+ \frac{2}{N}\sum_{k=1}^N \xi_1^k + \frac{1}{N}\sum_{k=1}^N \xi_2^k,$$

$$\hat{\phi}_2^N(x,y) = -2x_1x_2 + 3(x_1-x_2) + \frac{2}{N}\sum_{k=1}^N \max\{x_1-\xi_1^k, 0\} + \frac{2}{N}\sum_{k=1}^N \max\{x_2-\xi_2^k, 0\}$$

$$+ \frac{2}{3N}\sum_{k=1}^N \xi_1^k + \frac{4}{N}\sum_{k=1}^N \xi_2^k.$$

因此 SAA 标量化问题变为

$$\min \left(\frac{x_1^2}{2} + \frac{x_2^2}{2} - 2x_1x_2 + 4x_1 - 2x_2 \right.$$

$$\left. + \frac{1}{N}\sum_{k=1}^N \left(\max\{x_1-\xi_1^k, 0\} + \max\{x_2-\xi_2^k, 0\}\right) + \frac{8}{3N}\sum_{k=1}^N \xi_1^k + \frac{5}{N}\sum_{k=1}^N \xi_2^k\right). \ (6.39)$$

在这个例子中, 对 $N = 1, 2, \cdots, 300$, 当样本数量 N 增大时, 我们给出 SAA 标量化问题的最优值的收敛性, 数值结果如图 6.4 所示. 从图 6.4 中可以看出, 随着 N 的增大, SAA 标量化问题的最优值逐渐收敛到原始问题的最优值, 且随着收敛, 两者的误差越来越小, 这说明 SAA 方法近似原问题是合理有效的.

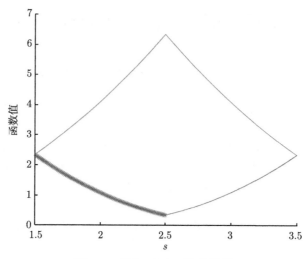

图 6.3　集合 $\mathbb{E}[\phi(C,\cdot)]$ 的边界

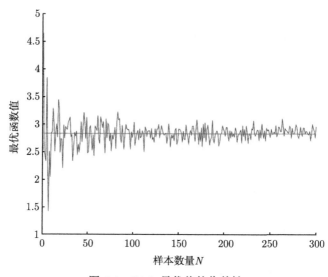

图 6.4　SAA 最优值的收敛性

第7章　求解非光滑均衡问题的近似束方法

7.1　引　　言

本章针对多目标优化问题的约束问题 —— 变分不等式或广义方程, 给出了一种可行性算法. 这类问题可以概括地写为一个非光滑的均衡问题:

$$(\text{EP}) \qquad \text{存在 } x^* \in C \quad \text{使得 } f(x^*, y) \geqslant 0, \text{ 对所有的 } y \in C,$$

式中, C 是 $\mathbb{R}^n$ 空间中的非空凸紧集; 函数 $f : C \times C \to \mathbb{R}$ 是连续可微的, 且 $f(x, x) = 0$. 对所有的 $x \in C$, $f(x, \cdot)$ 是凸的. 在本节中, 假设问题 (EP) 至少存在一个解, 更多关于均衡问题的解的存在性见文献 [140].

由于对所有的 $x \in C, f(x, x) = 0$ 成立, 则 $x^* \in C$ 是问题 (EP) 的解当且仅当 x^* 是问题 $\min\limits_{x \in C} f(x^*, x)$ 的解. 因此, 给定一初始点 $x^0 \in C$, 通过求解

$$x^{k+1} = \arg\min_{y \in C} f(x^k, y) \tag{7.1}$$

产生序列 $\{x^k\}$. 在实际中, 相对于求解问题式 (7.1), 一般使用不动点迭代得到 $x^{k+1} \in C$, 即给定参数 t_k 和点 $x^k \in C$, 求解

$$(P_k) \qquad \min_{y \in C} \left(f(x^k, y) + \frac{1}{2t_k} \|y - x^k\|^2 \right).$$

求解均衡问题的算法有很多种, 其中常用的算法有迭代算法[92]、迫近点算法[93]、混合近似方法[94]、类迫近算法[95]、非精确次梯度方法[96]. 但是这些算法都只是从理论上给出了算法的框架, 没有从数值的角度给出可执行的算法. 另外由于许多均衡问题都是非光滑的, 因此增加了问题的求解难度. 而束方法对非光滑优化问题具有良好的数值效果, 这方面已经取得很多的研究成果, 参见文献 [97]~[100]. 但是利用束方法求解均衡问题的研究还很少. 文献 [101] 提出了一种精确束方法求解这一问题, 但在很多数学规划中, 许多问题的目标函数都是非精确的, 比如两阶段随机规划问题[102]、Lagrange 松弛问题[103]. 因此针对均衡问题中的非精确数据, 我们给出求解非光滑均衡问题的近似束方法. 在本章中, 非精确数据的形式如下: 对给定 $y_k \in C$ 和 $\varepsilon \geqslant 0$, 存在 $\tilde{f}_k$ 和 s_k 使得

$$f_k(y_k) \geqslant \tilde{f}_k \geqslant f_k(y_k) - \varepsilon, \quad f_k(\zeta) \geqslant \tilde{f}_k + \langle s_k, \zeta - y_k \rangle, \forall \zeta \in C, \tag{7.2}$$

式中, $f_k(\cdot)$ 是 $f(x^k, \cdot)$ 的缩写. 由式 (7.2) 知 $s_k \in \partial_\varepsilon f_k(y_k)$.

7.2　近似束方法

7.2.1　概念模型

在假设 (7.2) 之下, 用一列分片线性函数 $\bar{f}_k^i, i = 1, 2, \cdots,$

$$\bar{f}_k^i(y) = \max_{0 \leqslant j \leqslant i-1} \{\tilde{f}_k^j + \langle s_k^j, y - y_k^j \rangle\}, i = 1, 2, \cdots, \tag{7.3}$$

近似 f_k, 其中

$$f_k(y_k^j) \geqslant \tilde{f}_k^j \geqslant f_k^j(y_k^j) - \varepsilon_j, \quad f_k(\zeta) \geqslant \tilde{f}_k^j + \langle s_k^j, \zeta - y_k^j \rangle, \forall \zeta \in C, \tag{7.4}$$

ε_j 表示数据的误差且它是有界的, 即 $0 \leqslant \varepsilon_j \leqslant \bar{\varepsilon}$. 特别地, 当 $j = 0$ 时, 令 $y_k^0 = x^k$. 本节给出一种新的下降检验准则:

$$\tilde{f}_k - \tilde{f}_k^i \geqslant \mu(\tilde{f}_k - \bar{f}_k^i(y_k^i)), \tag{7.5}$$

式中, $\mu \in (0, 1)$; $f_k(x^k) \geqslant \tilde{f}_k \geqslant f_k(x^k) - \eta^k, 0 \leqslant \eta^k \leqslant \bar{\eta}$. 文献 [101] 给出了 μ-近似作为算法的下降检验准则, 在本节中, 我们将用式 (7.5) 作为新的下降检验准则.

在提出算法之前, 先给出一些基本的关系式. 在每次迭代中, 割平面模型在 x^k 处产生一列迫近点列, 准确地说, 给定迫近乘子 $t_k > 0$, 有

$$y_k^i = \arg\min_{y \in C} \left(\bar{f}_k^i(y) + \frac{1}{2t_k} \|y - x^k\|^2 \right).$$

由最优性条件知, 存在 G_k^i 和 b_k^i 满足

$$y_k^i = x^k - t_k(G_k^i + b_k^i), \quad \text{其中} \quad \begin{cases} G_k^i \in \partial \bar{f}_k^i(y_k^i) \\ b_k^i \in \partial \psi_C(y_k^i), \end{cases} \tag{7.6}$$

式中, ψ_C 表示集合 C 上的指示函数:

$$\psi_C(y) = \begin{cases} 0, & \text{若 } y \in C, \\ +\infty, & \text{否则}. \end{cases}$$

定义非精确聚合函数

$$l_k^i(y) = \bar{f}_k^i(y_k^i) + \langle G_k^i, y - y_k^i \rangle, i = 1, 2, \cdots, \tag{7.7}$$

则

$$l_k^i(y_k^i) = \bar{f}_k^i(y_k^i), \ l_k^i(y) \leqslant \bar{f}_k^i(y), \quad \forall y \in C. \tag{7.8}$$

为了提高算法内循环中前后两步迭代之间的效率, 假设对每个内迭代 i, 在下一个迭代循环中, 分片线性函数 $\bar{f}_k^{i+1}$ 满足

$$\bar{f}_k^{i+1}(y) \geqslant \tilde{f}_k^i + \langle s_k^i, y - y_k^i \rangle, i = 1, 2, \cdots, \forall y \in C \tag{7.9}$$

和

$$\bar{f}_k^{i+1}(y) \geqslant l_k^i(y), i = 1, 2, \cdots, \forall y \in C. \tag{7.10}$$

这两个条件在求解优化问题中被广泛应用且在束方法的收敛性分析中有着重要的作用, 参见文献 [141] 和 [142].

束方法的另一个重要的方面是线性化误差. 当束的信息是精确的, 则线性化误差是非负的. 也就是说, 若凸函数的数据是精确的, 则束方法的割平面位于目标函数的下方, 且在每一点处的线性化误差是非负的. 若束的信息是非精确的, 则割平面可能在目标函数的上方, 因此线性化误差可能是非负的. 所以, 当束的信息是非负时, 我们给出一种准则来保证线性化误差是非负的.

定义聚合线性化误差 E_k^i 为

$$E_k^i = \tilde{f}_k - l_k^i(x^k) - \langle b_k^i, x^k - y_k^i \rangle, \tag{7.11}$$

定义预下降量 δ_k^i 为

$$\delta_k^i = \tilde{f}_k - \bar{f}_k^i(y_k^i),$$

则

$$\delta_k^i + E_k^i = 2\tilde{f}_k - l_k^i(x^k) - \bar{f}_k^i(y_k^i) - \langle b_k^i, x^k - y_k^i \rangle.$$

令 $y = x^k$, 由 l_k^i 的定义, 可得

$$\delta_k^i + E_k^i = 2(\tilde{f}_k - l_k^i(x^k)) - \langle G_k^i + b_k^i, x^k - y_k^i \rangle.$$

又 $y_k^i = x^k - t_k(G_k^i + b_k^i)$, 利用 E_k^i 的定义, 我们得到

$$\delta_k^i + E_k^i = 2E_k^i + t_k\|G_k^i + b_k^i\|^2. \tag{7.12}$$

E_k^i 表示在点 x^k 处的聚集的线性误差, 则算法中出现的一个"麻烦"就是, δ_k^i 与 E_k^i 的和是负的:

$$\delta_k^i + E_k^i < 0. \tag{7.13}$$

若式 (7.13) 成立, 则增加迫近乘子 t_k 来扩大搜索的区域来保证式 (7.12) 中的和是非负的.

反之, 若

$$\delta_k^i + E_k^i \geqslant 0, \tag{7.14}$$

则这种情况是 "可接受的". 在这种情况下, $\delta_k^i \geqslant -E_k^i$. 若 $E_k^i < 0$, 则有 $\delta_k^i \geqslant |E_k^i|$. 另外, 若 $E_k^i > 0$, 由式 (7.12) 知 $\delta_k^i \geqslant E_k^i + t_k\|G_k^i + b_k^i\|^2 \geqslant |E_k^i|$. 因此, 式 (7.14) 总能推出 $\delta_k^i \geqslant |E_k^i|$. 进一步地, 由式 (7.12) 可推出

$$2E_k^i + t_k\|G_k^i + b_k^i\|^2 \geqslant 0 \Rightarrow (E_k^i)^2 \geqslant -\frac{t_k}{2}\|G_k^i + b_k^i\|^2.$$

又 $\delta_k^i = E_k^i + t_k\|G_k^i + b_k^i\|^2$, 则 $\delta_k^i \geqslant \frac{t_k}{2}\|G_k^i + b_k^i\|^2$. 因此,

$$\delta_k^i + E_k^i \geqslant 0 \Rightarrow \delta_k^i \geqslant \max\{|E_k^i|, \frac{t_k}{2}\|G_k^i + b_k^i\|^2\} \geqslant 0. \tag{7.15}$$

注意, 算法的下降检验准则只能在 "可接受的" 情况下执行, 在这种情况下, 预下降量 δ_k^i 是非负的.

7.2.2　算法设计

在这一节中, 我们给出近似束方法. 在得到问题的一个解之后, 我们首先检验式 (7.13) 中的条件是否满足. 若满足, 则下降检验准则不执行, 我们增加迫近乘子, 然后在此参照点计算新的测试点. 若式 (7.13) 不满足, 则执行下降检验. 若当前测试点的下降量足够, 则这一测试点为算法的新测试中心, 称这一步为严格步. 若当前测试点的下降量不够, 则更新束, 然后计算新的测试点. 下面给出具体的算法过程.

求解问题 (EP) 的近似束方法如下.

选取初始点 $x^0 \in C$, 下降乘子 $\mu \in (0,1)$, 最小迫近乘子 $t_{\min} > 0$, 参数 $c > 1$ 和 $\gamma \in (0,1)$, 停机参数 $\varepsilon_s \geqslant 0$. 选取初始迫近参数 $t_1 \geqslant t_{\min}$, 令 $y_0^0 = x^0$, $k = 0, i = 1$.

步骤 1：选取近似分片线性函数 $\bar{f}_k^i \leqslant f_k$, 求解

$$(\bar{P}_k^i) \qquad \min_{y \in C}\{\bar{f}_k^i(y) + \frac{1}{2t_k}\|y - x^k\|^2\}$$

得到解 $y_k^i \in C$. $l_k^i(x^k)$ 和 b_k^i 由式 (7.6) 和式 (7.7) 给出, 计算：

$$E_k^i = \tilde{f}_k - l_k^i(x^k) - \langle b_k^i, x^k - y_k^i\rangle,$$
$$\delta_k^i = \tilde{f}_k - \bar{f}_k^i(y_k^i),$$
$$V_k^i = \|y_k^i - x^k\|.$$

步骤 2：若 $V_k^i \leqslant \varepsilon_s$, 则停止.

步骤 3：若 $\delta_k^i + E_k^i < 0$, 则令 $t_k := ct_k$, 转步骤 5.

步骤 4：若测试点 y_k^i 足够好, 也就是, y_k^i 满足

$$\tilde{f}_k - \tilde{f}_k^i \geqslant \mu(\tilde{f}_k - \bar{f}_k^i(y_k^i)),$$

则令 $x^{k+1} = y_k^i, y_{k+1}^0 = x^{k+1}$, 选取 $t_{k+1} = \gamma t_k \geqslant t_{\min}$, 令 $k = k+1$, $i = 0$, 转步骤 1. 若不满足, 则转步骤 5.

步骤 5: 令 $i = i+1$, 转步骤 1.

7.3 收敛性分析

这一节主要给出近似束方法的收敛性. 由于算法中的数据误差是有界的, 且不需要极限收敛到零. 因此, 我们引入均衡问题的 ε- 近似解, 它是文献 [142] 中的解的改进.

定义 7.1 Ω 为 $\mathbb{R}^n$ 中的非空凸紧集, $\gamma \subset \mathbb{R}^m$ 为非空紧集. $f : \Omega \times \Omega \times \gamma \to \mathbb{R}$. 称 $\bar{x} \in \Omega$ 为参数标量化均衡问题的近似解, 若对参数 $u \in \gamma$ 和 $\varepsilon \geqslant 0$, 成立

$$f(\bar{x}, y, u) + \varepsilon \geqslant 0, \forall y \in \Omega.$$

记 S_ε 为问题 (EP) 的 ε-近似解集, 即

$$S_\varepsilon = \{\bar{x} \in C : f(\bar{x}, y) + \varepsilon \geqslant 0, \forall y \in C\},$$

式中, $\gamma = \{0\}$, $\Omega = C$. 特别地, 当 $\varepsilon = 0$ 时, S_0 为问题 (EP) 的解集. 我们从以下三个情形来分析算法的收敛性.

情形 1: 步骤 3 中的迫近乘子迭代无限多次.

情形 2: 算法产生有限个严格步, 即零步迭代指标 i 趋于无穷.

情形 3: 算法产生无限个严格步, 即严格步迭代指标 k 趋于无穷.

对于情形 1, 我们证明算法终止在步骤 2. 对于后两种情况, 我们证明算法产生的序列收敛到问题 (EP) 的近似解.

7.3.1 无限个迫近参数循环

本节主要考虑情形 1 下的算法的收敛性, 即在步骤 3 中, 迫近参数被迭代无限多次. 在这种情形下, 算法将终止在步骤 2.

定理 7.1 若步骤 3 中的迫近参数 t_k 被迭代无限多次, 则算法将终止在步骤 2.

证明 若式 (7.14) 成立, 由式 (7.12) 知 $2E_k^i + t_k\|G_k^i + b_k^i\|^2 < 0$, 则 $E_k^i < 0$, $t_k\|G_k^i + b_k^i\|^2 < -2E_k^i$. 因此,

$$\delta_k^i + E_k^i < 0 \ \Rightarrow \ E_k^i < 0, \quad V_k^i \leqslant \sqrt{\frac{-2E_k^i}{t_k}}.$$

由式 (7.11) 知

$$-E_k^i = l_k^i(x^k) + \langle b_k^i, x^k - y_k^i \rangle - \tilde{f}_k \leqslant l_k^i(x^k) - \tilde{f}_k. \tag{7.16}$$

从式 (7.6) 和式 (7.7) 可得

$$l_k^i(x^k) - \tilde{f}_k = \bar{f}_k^i(y_k^i) + \langle G_k^i, x^k - y_k^i \rangle - \tilde{f}_k \leqslant \bar{f}_k^i(x^k) - \tilde{f}_k. \tag{7.17}$$

结合式 (7.16) 和式 (7.17), 我们得到

$$-E_k^i \leqslant \bar{f}_k^i(x^k) - \tilde{f}_k = \max_{0 \leqslant j \leqslant i-1} \{ \tilde{f}_k^j - \tilde{f}_k + \langle s_k^j, x^k - y_k^j \rangle \}. \tag{7.18}$$

记

$$T_j := \tilde{f}_k^j - \tilde{f}_k + \langle s_k^j, x^k - y_k^j \rangle.$$

从式 (7.18) 可得

$$-E_k^i \leqslant \max_{0 \leqslant j \leqslant i-1} T_j \leqslant \max_{0 \leqslant j \leqslant i-1} |T_j|.$$

由式 (7.4) 可知

$$|T_j| = |\tilde{f}_k^j - \tilde{f}_k + \langle s_k^j, x^k - y_k^j \rangle| \leqslant |f_k^j(y_k^i) - f_k(x^k)| + |\eta^k + \varepsilon_j| + \|s_k^j\| \|x^k - y_k^j\|.$$

由于算法的迭代均在紧集 C 中, 且目标函数是 Lipschitz 的, 则它的次微分是局部有界的. 进一步地, 非精确数据的误差是有界的, 则 $|T_j|$ 是局部有界的. 因此, 序列 $\{-E_k^i\}$ 是一致有界的. 所以, 当步骤 3 中的 $\{t_k\}$ 被增大到无限大时, V_k^i 下降, 最终在步骤 2 中, $V_k^i \leqslant \varepsilon_s$ 成立.

7.3.2　有限个严格步

在这一节中, 我们建立情形 2 下算法的收敛性, 即算法产生有限个严格步. 当得到最后一个严格步时, 算法产生无限多个零步, 为了保证算法能够生成严格步, 在下一次迭代过程中, 割平面模型需满足式 (7.9) 和式 (7.10). 在这种情形下, 我们证明内循环产生的点列将收敛到最后一个严格步产生的点. 进一步地, 这个点即为问题 (EP) 的近似解. 首先给出下面的命题.

命题 7.1　下面的结论成立.

(1) $2t_k \langle G_k^i + b_k^i, y - y_k^i \rangle = \|y_k^i - x^k\|^2 + \|y - y_k^i\|^2 + \|y - x^k\|^2, \forall y \in \mathbb{R}^n$.

(2) 定义辅助函数为

$$\tilde{l}_k^i(y) = l_k^i(y) + \frac{1}{2t_k} \|y - x^k\|^2, y \in \mathbb{R}^n, \tag{7.19}$$

令 $y = y_k^i$, 则

$$l_k^i(y) + \langle b_k^i, y - y_k^i \rangle + \frac{1}{2t_k} \|y - x^k\|^2 = \tilde{l}_k^i(y_k^i) + \frac{1}{2t_k} \|y - y_k^i\|^2.$$

证明 (1) 由式 (7.6) 可直接得到结论, 省略此证明.

(2) 由 $l_k^i(y)$ 的定义可知

$$l_k^i(y) = \bar{f}_k^i(y_k^i) + \langle G_k^i, y - y_k^i \rangle$$
$$= l_k^i(y_k^i) - \langle b_k^i, y - y_k^i \rangle + \langle G_k^i + b_k^i, y - y_k^i \rangle.$$

利用 (1) 中的关系可得

$$l_k^i(y) = l_k^i(y_k^i) - \langle b_k^i, y - y_k^i \rangle + \frac{1}{2t_k}\|y_k^i - x^k\|^2 + \frac{1}{2t_k}\|y - y_k^i\|^2 - \frac{1}{2t_k}\|y - x^k\|^2.$$

再利用 $\tilde{l}_k^i(y_k^i)$ 的定义, 我们得到

$$l_k^i(y) = \tilde{l}_k^i(y_k^i) - \langle b_k^i, y - y_k^i \rangle + \frac{1}{2t_k}\|y - y_k^i\|^2 - \frac{1}{2t_k}\|y - x^k\|^2.$$

证明完毕.

简便起见, 记

$$\check{f}_k^i(y) = \bar{f}_k^i(y) + \frac{1}{2t_k}\|y - x^k\|^2.$$

由 $\check{f}_k^i$ 的定义知

$$\check{f}_k^i(x^k) = \bar{f}_k^i(x^k). \tag{7.20}$$

对 $\tilde{l}_k^i(y)$ 进行计算, 可得

$$\tilde{l}_k^i(y) = \tilde{l}_k^i(y_k^i) + \frac{1}{2t_k}\|y - y_k^i\|^2. \tag{7.21}$$

根据式 (7.8) 可知

$$\tilde{l}_k^i(y_k^i) = \check{f}_k^i(y_k^i). \tag{7.22}$$

进一步地, 由式 (7.10) 和 $\tilde{l}_k^i, \check{f}_k^i$ 的定义, 我们得到

$$\tilde{l}_k^i(y) \leqslant \check{f}_k^{i+1}(y), \forall y \in C. \tag{7.23}$$

下面给出情形 2 下算法的收敛性. 证明过程分为两步: 第一步我们证明内循环产生的点列收敛到最后一个严格步产生的点; 第二步我们证明这个点为问题 (EP) 的近似解.

定理 7.2 *假设算法产生最后一个严格步后, 后面只产生零步, 则:*

(1) $\tilde{f}_k^i - \bar{f}_k^i(y_k^i) \to 0, y_k^i \to x^k, i \to \infty$.

(2) 若(1) 成立, 则 $x^k \in S_{\varepsilon^*}$.

证明　（1）记 i_k 为得到最后一个严格步 x^k 时内循环迭代的指标, 在下面的证明中假设 $i > i_k$. 首先我们证明最优值序列 $\{\tilde{l}_k^i(y_k^i)\}$ 是收敛的.

对 $y \in C$, $f_k(y) \geqslant \bar{f}_k^i(y)$, $i = 1, 2, \cdots$ 成立, 令 $y = x^k$, 则

$$0 = f_k(x^k) \geqslant \bar{f}_k^{i+1}(x^k). \tag{7.24}$$

由 $\check{f}_k^{i+1}$ 的定义知, 下面的关系

$$\bar{f}_k^{i+1}(x^k) = \check{f}_k^{i+1}(x^k) \tag{7.25}$$

成立. 由 y_k^{i+1} 的最优性知

$$\check{f}_k^{i+1}(x^k) \geqslant \check{f}_k^{i+1}(y_k^{i+1}). \tag{7.26}$$

从式 (7.22) 可得

$$\check{f}_k^{i+1}(y_k^{i+1}) = \tilde{l}_k^{i+1}(y_k^{i+1}). \tag{7.27}$$

结合式 (7.23) 和式 (7.27), 我们得到

$$\tilde{l}_k^{i+1}(y_k^{i+1}) \geqslant \tilde{l}_k^i(y_k^{i+1}). \tag{7.28}$$

从式 (7.21) 得

$$\tilde{l}_k^i(y_k^{i+1}) = \tilde{l}_k^i(y_k^i) + \frac{1}{2t_k}\|y_k^{i+1} - y_k^i\|^2 \geqslant \tilde{l}_k^i(y_k^i). \tag{7.29}$$

由式 (7.28) 和式 (7.29) 可得

$$\tilde{l}_k^{i+1}(y_k^{i+1}) \geqslant \tilde{l}_k^i(y_k^i),$$

因此, $\{\tilde{l}_k^i(y_k^i)\}$ 是非减的. 从式 (7.24)~ 式 (7.29) 可得, $\{\tilde{l}_k^i(y_k^i)\}$ 是有界的, 因此它是收敛的. 进一步地, 由式 (7.29) 知, $y_k^{i+1} - y_k^i \to 0$, $i \to \infty$.

现在证明 $\tilde{f}_k^i - \bar{f}_k^i(y_k^i) \to 0$, $i \to +\infty$. 记

$$e_k^i = \tilde{f}_k^i - \bar{f}_k^i(y_k^i). \tag{7.30}$$

在式 (7.9) 中令 $y = y_k^{i+1}$, 可得

$$\bar{f}_k^{i+1}(y_k^{i+1}) \geqslant \tilde{f}_k^i + \langle s_k^i, y_k^{i+1} - y_k^i \rangle,$$

则

$$\begin{aligned} e_k^i &\leqslant \bar{f}_k^{i+1}(y_k^{i+1}) - \bar{f}_k^i(y_k^i) - \langle s_k^i, y_k^{i+1} - y_k^i \rangle \\ &= l_k^{i+1}(y_k^{i+1}) - l_k^i(y_k^i) - \langle s_k^i, y_k^{i+1} - y_k^i \rangle. \end{aligned}$$

在命题 7.1 的式 (7.19) 中, 先令 $y = y_k^i$, 然后令 i 为 $i+1$ 且令 $y = y_k^{i+1}$, 我们得到

$$e_k^i \leqslant \tilde{l}_k^{i+1}(y_k^{i+1}) - \tilde{l}_k^i(y_k^i) + \frac{1}{2t_k}[\|y_k^i - x^k\|^2 - \|y_k^{i+1} - x^k\|^2] - \langle s_k^i, y_k^{i+1} - y_k^i \rangle.$$

在命题 7.1 (1) 中令 $y = y_k^{i+1}$, 又 $\langle b_k^i, y_k^{i+1} - y_k^i \rangle \leqslant 0$, 则

$$e_k^i \leqslant \tilde{l}_k^{i+1}(y_k^{i+1}) - \tilde{l}_k^i(y_k^i) + \langle G_k^i, y_k^{i+1} - y_k^i \rangle - \langle s_k^i, y_k^{i+1} - y_k^i \rangle.$$

因为 $\{\tilde{l}_k^i(y_k^i)\}$ 是收敛的, G_k^i 和 s_k^i 是有界的（$f(x, \cdot)$ 是局部 Lipschitz 的）. 对上式取上极限, 则

$$\limsup_{i \to \infty} e_k^i \leqslant 0. \tag{7.31}$$

又 $\delta_k^i + E_k^i \geqslant 0$, 由式 (7.15) 可得

$$\delta_k^i = \tilde{f}_k - \bar{f}_k^i(y_k^i) \geqslant 0.$$

在零步迭代中, $\tilde{f}_k - \tilde{f}_k^i \leqslant \mu(\tilde{f}_k - \bar{f}_k^i(y_k^i))$ 成立, 则

$$\delta_k^i = \tilde{f}_k - \bar{f}_k^i(y_k^i) \leqslant \tilde{f}_k^i + \mu(\tilde{f}_k - \bar{f}_k^i(y_k^i)) - \bar{f}_k^i(y_k^i) = \tilde{f}_k^i - \bar{f}_k^i(y_k^i) + \mu\delta_k^i,$$

因此, 我们得到（$0 < \mu < 1$）

$$0 \leqslant (1 - \mu)\delta_k^i \leqslant \tilde{f}_k^i - \bar{f}_k^i(y_k^i) = e_k^i. \tag{7.32}$$

由式 (7.31) 可得

$$\lim_{i \to \infty} (\tilde{f}_k^i - \bar{f}_k^i(y_k^i)) = 0.$$

从式 (7.32) 可知

$$\lim_{i \to \infty} \delta_k^i = 0,$$

由式 (7.15) 得 $\frac{t_k}{2}\|G_k^i + b_k^i\|^2 \to 0, i \to \infty$. 又 $t_k \geqslant t_{\min}$, 则 $\|G_k^i + b_k^i\| \to 0$. 最后, 由式 (7.6) 可知 $y_k^i \to x^k, i \to \infty$.

(2) 由 y_k^i 的最优性和 $f_k(y) \geqslant \bar{f}_k^i(y)$ 得

$$f_k(y) \geqslant \bar{f}_k^i(y) \geqslant \bar{f}_k^i(y_k^i) + \langle \frac{1}{t_k}(y_k^i - x^k), y - y_k^i \rangle.$$

重写上面的不等式, 得到

$$f_k(y) \geqslant \bar{f}_k^i(y_k^i) - \tilde{f}_k^i + \tilde{f}_k^i - f_k(y_k^i) + f_k(y_k^i) + \langle \frac{1}{t_k}(y_k^i - x^k), y - y_k^i \rangle.$$

因为 $-\varepsilon_i \leqslant \tilde{f}_k^i - f_k(y_k^i) \leqslant 0$, 则

$$f_k(y) \geqslant \bar{f}_k^i(y_k^i) - \tilde{f}_k^i - \varepsilon_i + f_k(y_k^i) + \langle \frac{1}{t_k}(y_k^i - x^k), y - y_k^i \rangle. \tag{7.33}$$

由 (1) 知, 当 $i \to \infty$ 时, 成立 $\bar{f}_k^i(y_k^i) - \tilde{f}_k^i \to 0$ 和 $y_k^i \to x^k$. 进一步地, 序列 $\{\varepsilon_i\}$ 是有界的, 则存在聚点 ε^*. 因此, 由式 (7.33) 可得

$$f(x^k, y) = f_k(y) \geqslant f_k(x^k) - \varepsilon^* = f(x^k, x^k) - \varepsilon^* = -\varepsilon^*,$$

即 $x^k \in S_{\varepsilon^*}$.

7.3.3　无限个严格步

这一节主要考虑情形 3 下算法的收敛性, 也就是, 算法产生无限个严格步. 首先, 我们证明算法产生的序列 $\{x^k\}_{k\in\mathbb{N}}$ 是有界的, 且 $\|x^{k+1} - x^k\| \to 0$. 其次, 我们证明序列 $\{x^k\}_{k\in\mathbb{N}}$ 的聚点是问题 (EP) 的近似解.

为了得到算法的收敛性, 我们需要下面的条件. 假设存在 $\tau, c, d > 0$ 和非负函数 $g : C \times C \to \mathbb{R}$ 使得, 对所有的 $x, y, z \in C$, 成立

$$f(x, y) \geqslant 0 \Rightarrow f(y, x) \leqslant -\tau g(x, y) \tag{7.34}$$

和

$$f(x, z) - f(y, z) - f(x, y) \leqslant cg(x, y) + d\|z - y\|^2. \tag{7.35}$$

条件 (7.34) 可以看成单调性条件, 式 (7.35) 可以看成 Lipschitz 类型条件. 它们在证明均衡问题的收敛性方面起着重要的作用, 参见文献 [101]. 下面给出主要的结果.

定理 7.3　函数 f 满足式(7.34) 和式(7.35). 假设算法产生无限个严格步. 进一步地, 若序列 $\{t_k\}_{k\in\mathbb{N}}$ 是非增的, $t_k < \dfrac{\mu}{2d}$, $\dfrac{c}{\tau} \leqslant \mu \leqslant 1$, $\sum\limits_{k=1}^{\infty} t_k \eta^{k+1} < +\infty$, 则序列 $\{x^k\}_{k\in\mathbb{N}}$ 是有界的, 且 $\lim\limits_{k\to\infty} \|x^{k+1} - x^k\| = 0$.

证明　令 x^* 为问题 (EP) 的解, 对于 $k \in \mathbb{N}$, 考虑 Lyapunov 函数 $\gamma^k : C \times C \to \mathbb{R}$, 其定义为

$$\gamma^k(x^*, x) = \frac{1}{2}\|x^* - x^k\|^2 - \frac{1}{2}\|x - x^k\|^2 + \langle x - x^*, x - x^k \rangle + \frac{t_k}{\mu}f(x^*, x).$$

而 $t_{k+1} \leqslant t_k$, 则

$$\gamma^{k+1}(x^*, x^{k+1}) = \frac{1}{2}\|x^* - x^k\|^2 - \frac{1}{2}\|x^{k+1} - x^k\|^2 + \langle x^{k+1} - x^*, x^{k+1} - x^k \rangle$$

$$+ \frac{t_{k+1}}{\mu}f(x^*, x^{k+1})$$

$$\leqslant \frac{1}{2}\|x^* - x^k\|^2 - \frac{1}{2}\|x^{k+1} - x^k\|^2 + \langle x^{k+1} - x^*, x^{k+1} - x^k \rangle$$

$$+ \frac{t_k}{\mu} f(x^*, x^{k+1})$$

$$= \gamma^k(x^*, x^{k+1}).$$

因此,

$$\gamma^{k+1}(x^*, x^{k+1}) - \gamma^k(x^*, x^k) \leqslant \gamma^k(x^*, x^{k+1}) - \gamma^k(x^*, x^k)$$

$$= -\frac{1}{2}\|x^{k+1} - x^k\|^2 + \langle x^k - x^{k+1}, x^* - x^{k+1} \rangle$$

$$+ \frac{t_k}{\mu}\{f(x^*, x^{k+1}) - f(x^*, x^k)\}$$

$$= s_1 + s_2 + s_3,$$

式中,

$$s_1 = -\frac{1}{2}\|x^{k+1} - x^k\|^2,$$

$$s_2 = \langle x^k - x^{k+1}, x^* - x^{k+1} \rangle,$$

$$s_3 = \frac{t_k}{\mu}\{f(x^*, x^{k+1}) - f(x^*, x^k)\}.$$

对 s_2, 因为 $x^{k+1} = \underset{y \in C}{\arg\min}\{\bar{f}_k^{i_k}(y) + \frac{1}{2t_k}\|y - x^k\|^2\}$, 则

$$0 \in \partial(\bar{f}_k^{i_k} + \psi_C)(x^{k+1}) + t_k^{-1}(x^{k+1} - x^k).$$

因此,

$$\bar{f}_k^{i_k}(y) \geqslant \bar{f}_k^{i_k}(x^{k+1}) - t_k^{-1}\langle x^{k+1} - x^k, y - x^{k+1} \rangle, \forall y \in C. \tag{7.36}$$

在式 (7.36) 中令 $y = x^*$, 则

$$\bar{f}_k^{i_k}(x^*) - \bar{f}_k^{i_k}(x^{k+1}) \geqslant t_k^{-1}\langle x^k - x^{k+1}, x^* - x^{k+1} \rangle.$$

所以,

$$s_2 \leqslant t_k(\bar{f}_k^{i_k}(x^*) - \bar{f}_k^{i_k}(x^{k+1}))$$

$$= t_k(\bar{f}_k^{i_k}(x^*) - f_k(x^*) + f_k(x^*) - \tilde{f}_k + \tilde{f}_k - \bar{f}_k^{i_k}(x^{k+1})).$$

又 $\bar{f}_k^{i_k}(x^*) \leqslant f_k(x^*)$ 和 $\tilde{f}_k - \bar{f}_k^{i_k}(x^{k+1}) \leqslant \mu^{-1}(\tilde{f}_k - \tilde{f}_k^{i_k})$ 成立, 则

$$s_2 + s_3 \leqslant \frac{t_k}{\mu}(f(x^*, x^{k+1}) - f(x^*, x^k)) + t_k(f(x^k, x^*) - \tilde{f}_k) + \frac{t_k}{\mu}(\tilde{f}_k - \tilde{f}_k^{i_k})$$

$$= \frac{t_k}{\mu}(f(x^*, x^{k+1}) - f(x^*, x^k) - \tilde{f}_k^{i_k}) + \frac{t_k}{\mu}(1 - \mu)\tilde{f}_k + t_k f(x^k, x^*).$$

而 $f_k(x^{k+1}) - \eta^{k+1} \leqslant \tilde{f}_k^{i_k} \leqslant f_k(x^{k+1})$, 利用 $f_k(y) \geqslant \bar{f}_k^{i_k}(y)$, 然后在式 (7.34) 和式 (7.35) 中令 $x = x^*, y = x^k, z = x^{k+1}$, 则

$$s_2 + s_3 \leqslant \frac{t_k}{\mu}(\eta^{k+1} + cg(x^*, x^k) + d\|x^{k+1} - x^k\|^2) - t_k\tau g(x^*, x^k).$$

因此,

$$s_1 + s_2 + s_3 \leqslant \left(-\frac{1}{2} + \frac{t_k d}{\mu}\right)\|x^{k+1} - x^k\|^2 + t_k\left(\frac{c}{\mu} - \tau\right)g(x^*, x^k) + \frac{t_k}{\mu}\eta^{k+1}. \quad (7.37)$$

又 $t_k \leqslant \dfrac{\mu}{2d}, \dfrac{c}{\tau} \leqslant \mu \leqslant 1, \displaystyle\sum_{k=1}^{\infty} t_k\eta^{k+1} < +\infty$, 则

$$\gamma^{k+1}(x^*, x^{k+1}) - \gamma^k(x^*, x^k) \leqslant 0.$$

所以, $\{\gamma^k(x^*, x^k)\}_{k\in\mathbb{N}}$ 是非增的.

另外, 成立

$$\gamma^k(x^*, x^k) = \frac{1}{2}\|x^* - x^k\|^2 + \frac{t_k}{\mu}f(x^*, x^k).$$

对 $x \in C$, 有 $f(x^*, x^k) \geqslant 0$, 则

$$\gamma^k(x^*, x^k) \geqslant \frac{1}{2}\|x^* - x^k\|^2.$$

即 $\{\gamma^k(x^*, x^k)\}_{k\in\mathbb{N}}$ 是有界的, 因此 $\{\gamma^k(x^*, x^k)\}_{k\in\mathbb{N}}$ 是收敛的. 所以, 我们得到序列 $\{x^k\}_{k\in\mathbb{N}}$ 是有界的, 对式 (7.37) 取极限可得, 序列 $\{\|x^{k+1} - x^k\|\}_{k\in\mathbb{N}}$ 收敛到零.

注 7.1　(1) 下面对定理 7.3 中的条件 (7.34) 和 (7.35) 进行说明. 对单调条件 (7.34), 若 $g(x, y) = 0$, 则 f 是伪单调的. 若 $g = \|x - y\|^2$, 则 f 是强伪单调的. 对 Lipschitz 类型条件 (7.35), 若函数的非精确误差为零, $g(x, y) = 0$, 当式 (7.35) 中的条件被替换为

$$f(x, z) - f(y, z) - f(x, y) \leqslant cg(x, y) + d\|z - y\|,$$

则定理 7.3 的结论也成立.

(2) 特别地, 当

$$f(x, y) = \langle F(x), y - x\rangle + \varphi(y) - \varphi(x),$$

其中 $F: C \to \mathbb{R}^n$ 是连续映射, $\varphi: C \to \mathbb{R}$ 为连续凸函数, 则问题 (EP) 退化为广义变分不等式问题 (generalized variational inequality problem, GVIP):

存在 $x^* \in C$ 使得, 对所有的 $y \in C, \langle F(x^*), y - x\rangle + \varphi(y) - \varphi(x^*) \geqslant 0$.

当映射 F 是单调且 Lipschitz 连续的, $\sum_{k=1}^{\infty} t_k^2, \sum_{k=1}^{\infty} t_k \eta^k$ 是收敛的, 且 $\sum_{k=1}^{\infty} t_k = +\infty$, 则序列 $\{x^k\}$ 收敛到问题 (GVIP) 的解, 具体证明参见文献 [143].

在定理 7.3 之下, 我们给出算法的收敛性证明.

定理 7.4 假设定理 7.3 的条件均成立, 且算法产生无限个严格步, 则序列 $\{x^k\}_{k \in \mathbb{N}}$ 的每个聚点是问题(EP) 的 η^*-近似解, 即 $x^* \in S_{\eta^*}$.

证明 设 x^* 是序列 $\{x^k\}_{k \in \mathbb{N}}$ 的聚点, 子列 $\{x^k\}_{k \in \mathbb{K} \subset \mathbb{N}}$ 收敛到 x^*. 对 $k \in \mathbb{N}$, $\|x^{k+1} - x^k\| \to 0$, $\{x^{k+1}\}_{k \in \mathbb{K}} \to x^*$ 成立. 进一步地, 由 $\bar{f}_k^i \leqslant f_k$ 知

$$\bar{f}_k^{i_k}(x^{k+1}) \leqslant f_k(x^{k+1}). \tag{7.38}$$

从下降准则 $\tilde{f}_k - \tilde{f}_k^{i_k} \geqslant \mu(\tilde{f}_k - \bar{f}_k^{i_k}(x^{k+1}))$ 得

$$\bar{f}_k^{i_k}(x^{k+1}) \geqslant \mu^{-1}((\mu - 1)\tilde{f}_k + \tilde{f}_k^{i_k}).$$

因为 $f_k(x^k) = 0, f_k(x_k) \geqslant \tilde{f}_k \geqslant f_k(x_k) - \eta^k, 0 < \mu < 1$, 则

$$\bar{f}_k^{i_k}(x^{k+1}) \geqslant \mu^{-1} \tilde{f}_k^{i_k} \geqslant \mu^{-1}(f_k(x^{k+1}) - \eta^{k+1}). \tag{7.39}$$

因此, 由式 (7.38) 和式 (7.39) 可得

$$\mu^{-1}(f_k(x^{k+1}) - \eta^{k+1}) \leqslant \bar{f}_k^{i_k}(x^{k+1}) \leqslant f_k(x^{k+1}). \tag{7.40}$$

另外, x^{k+1} 是问题 $(\bar{P}_k^{i_k})$ 的解, 由式 (7.36) 和 $\bar{f}_k^{i_k}(y) \leqslant f_k(y)$ 知

$$f_k(y) \geqslant \bar{f}_k^{i_k}(x^{k+1}) + t_k^{-1} \langle x^k - x^{k+1}, y - x^{k+1} \rangle.$$

利用 Cauchy-Schwarz 不等式和式 (7.40), 我们得到

$$f_k(y) \geqslant \mu^{-1}(f_k(x^{k+1}) - \eta^{k+1}) - \frac{1}{t_k}\|x^k - x^{k+1}\|\|y - x^{k+1}\|.$$

而 f 是连续的, 则 $f_k(x^{k+1}) \to 0, k \to \infty$. 此外, $\{\eta^{k+1}\}$ 是有界的, 则存在聚点 $\hat{\eta}$. 进一步地, $\|x^k - x^{k+1}\| \to 0, \|y - x^{k+1}\| \to \|y - x^*\|, t_k \geqslant t_{\min} > 0$. 对 $k \in \mathbb{K}$ 取极限, 则

$$f(x^*, y) \geqslant -\frac{\hat{\eta}}{\mu}, \forall y \in C.$$

令 $\eta^* = \frac{\hat{\eta}}{\mu}$, 则 $f(x^*, y) \geqslant -\eta^*, \forall y \in C$, 即 x^* 是问题 (EP) 的 η^*-近似解.

注 7.2 上面的收敛性分析也可以看成是邻近束方法的稳定性结果. 在本节中, 数据误差 ε_j 和 η^k 只需是有界的, 它们的极限不需要趋近于零. 为了得到问题更好的近似解, 数据误差该如何选取这是一个值得思考的问题. 在本节中, 若数据误差渐进的趋于零, 则序列 $\{x^k\}$ 收敛到问题 (EP) 的解.

最后, 我们讨论一下算法的终止准则. 首先给出下面的命题.

命题 7.2 设 y_k^i 是问题 $(\bar{P}_k^i)$ 的解, 记

$$\vartheta_k^i = \frac{1}{t_k}(x^k - y_k^i), \quad \theta_k^i = \langle \vartheta_k^i, y_k^i - x^k \rangle - \bar{f}_k^i(y_k^i), \tag{7.41}$$

则

$$\theta_k^i \geqslant 0, \quad \vartheta_k^i \in \partial_{\theta_k^i}(f_k + \psi_C)(x^k).$$

证明 由 y_k^i 的最优性知

$$0 \in (\bar{f}_k^i + \psi_C)(y_k^i) + t_k^{-1}(y_k^i - x^k),$$

即

$$\vartheta_k^i \in \partial(\bar{f}_k^i + \psi_C)(y_k^i).$$

由次微分的定义和 $\bar{f}_k^i \leqslant f_k$ 得

$$f_k(y) \geqslant \bar{f}_k^i(y_k^i) + \langle \vartheta_k^i, y - y_k^i \rangle. \tag{7.42}$$

特别地, 令 $y = x^k$, 则

$$0 = f(x^k, x^k) = f_k(x^k) \geqslant \bar{f}_k^i(y_k^i) + \langle \vartheta_k^i, x^k - y_k^i \rangle,$$

即 $\theta_k^i \geqslant 0$.

另外, 由 θ_k^i 的定义和式 (7.42) 知, 对所有的 $y \in C$, 成立

$$f_k(y) \geqslant \bar{f}_k^i(y_k^i) + \langle \vartheta_k^i, y - y_k^i \rangle = f_k(x^k) + \langle \vartheta_k^i, y - x_k \rangle - \theta_k^i,$$

即 $\vartheta_k^i \in \partial_{\theta_k^i}(f_k + \psi_C)(x^k)$.

在命题 7.2 之下, 我们概括地给出算法的收敛性, 然后分析算法的终止准则.

定理 7.5 设 $\{x^k\}$ 是算法产生的序列, 则下面的结论成立.

(1) 若序列 $\{x^k\}$ 是无限的, 则 $\{x^k\}_{k \in \mathbb{N}}$ 的聚点是问题(EP) 的 η^*-近似解. 进一步地, $\vartheta_k^{i_k} \to 0$, $k \to +\infty$, $\limsup\limits_{k \to \infty} \theta_k^{i_k} \leqslant \left(1 + \dfrac{1}{\mu}\right)\hat{\eta}$ 成立.

(2) 若序列 $\{x^k\}$ 是有限的, 且 k 是最后一个迭代指标, 则 x^k 是问题(EP) 的 ε^*-近似解. 进一步地, $\vartheta_k^i \to 0$, $i \to +\infty$, $\limsup\limits_{i \to \infty} \theta_k^i \leqslant \varepsilon^*$ 也成立.

证明 (1) 序列 $\{x^k\}_k$ 是无限的, 由定理 7.4 知 $\{x^k\}$ 收敛到问题 (EP) 的 η^*-近似解. 另外, 对所有的 k, 有

$$0 \leqslant \|\vartheta_k^{i_k}\| = \|\frac{y_k^{i_k} - x^k}{t_k}\|.$$

又 $t_k \geqslant t_{\min} > 0$ 和 $y_k^{i_k} = x^{k+1}$ 成立, 则

$$0 \leqslant \|\vartheta_k^{i_k}\| \leqslant \frac{1}{t_{\min}} \|x^k - x^{k+1}\|.$$

而 $\|x^k - x^{k+1}\| \to 0$, 因此, 序列 $\{\vartheta_k^{i_k}\}_k$ 收敛到零.

进一步地, 由于

$$|\langle \vartheta_k^{i_k}, y_k^{i_k} - x^k \rangle| \leqslant \|\vartheta_k^{i_k}\| \|y_k^{i_k} - x^k\| = \|\vartheta_k^{i_k}\| \|x^{k+1} - x^k\|,$$

则 $\langle \vartheta_k^{i_k}, y_k^{i_k} - x^k \rangle \to 0, k \to +\infty$. 由 $f_k \geqslant \bar{f}_k^i$ 和下降准则知

$$\frac{1}{\mu}(\tilde{f}_k^{i_k} - \tilde{f}_k) + \tilde{f}_k \leqslant \bar{f}_k^{i_k}(x^{k+1}) \leqslant f_k(x^{k+1}).$$

从目标函数的非精确数据知

$$f_k(x^k) - \eta^k \leqslant \tilde{f}_k \leqslant f_k(x^k),$$

$$f_k(x^{k+1}) - \eta^{k+1} \leqslant \tilde{f}_k^{i_k} \leqslant f_k(x^{k+1}),$$

则

$$\frac{1}{\mu}[f_k(x^{k+1}) - \eta^{k+1}] - \eta^k \leqslant \bar{f}_k^{i_k}(x^{k+1}) \leqslant f_k(x^{k+1}).$$

因此,

$$\theta_k^i = \langle \vartheta_k^i, y_k^i - x^k \rangle - \bar{f}_k^i(y_k^i)$$

$$\leqslant \langle \vartheta_k^i, y_k^i - x^k \rangle + \frac{1}{\mu}[\eta^{k+1} - f_k(x^{k+1})] + \eta^k.$$

因为 $x^k, x^{k+1} \to x^*$, f 是连续的, 则 $f_k(x^{k+1}) = f(x^k, x^{k+1}) \to f(x^*, x^*) = 0$, $k \to +\infty$. 取上极限得 $\limsup\limits_{k \to \infty} \theta_k^{i_k} \leqslant \left(1 + \frac{1}{\mu}\right) \hat{\eta}$, 其中 $\hat{\eta}$ 是 $\{\eta_k\}$ 的聚点.

(2) 令 k 为序列 $\{x^k\}$ 的最后一个指标. 由定理 7.2 知 x^k 是问题 (EP) 的 ε^*-近似解. 从定理 7.2 知 $y_k^i \to x^k, i \to +\infty$, 因此,

$$0 \leqslant \|\vartheta_k^i\| = \|\frac{y_k^i - x^k}{t_k}\| \leqslant \|\frac{y_k^i - x^k}{t_{\min}}\| \to 0, i \to +\infty.$$

所以, 我们得到 $\vartheta_k^i \to 0, i \to +\infty$.

另外, 我们有

$$\theta_k^i = \langle \vartheta_k^i, y_k^i - x^k \rangle - \bar{f}_k^i(y_k^i)$$

$$= \langle \vartheta_k^i, y_k^i - x^k \rangle - (\bar{f}_k^i(y_k^i) - \tilde{f}_k^i) + (f_k(y_k^i) - \tilde{f}_k^i) - f_k(y_k^i).$$

由目标函数的非精确数据知 $-\varepsilon_i \leqslant \tilde{f}_k^i - f_k(y_k^i) \leqslant 0$. 由式 (7.30) 可得, 上面的方程变为

$$\theta_k^i \leqslant \langle \vartheta_k^i, y_k^i - x^k \rangle + e_k^i + \varepsilon_i - f_k(y_k^i). \tag{7.43}$$

令 $i \to +\infty$, 则 $\vartheta_k^i \to 0$, $y_k^i \to x^k$, $f_k(y_k^i) \to f_k(x^k) = 0$. 进一步地, 由定理 7.2 的证明可得 $e_k^i \to 0$. 对式 (7.43) 取上极限, 则 $\limsup\limits_{i \to \infty} \theta_k^i \leqslant \varepsilon^*$, 其中 ε^* 是 $\{\varepsilon_i\}$ 的聚点. 证明完毕.

经过上面的讨论及 $\{t_k\}$ 的有界性, 我们得到算法的终止准则. 令 $\varepsilon_s = \min\{\varepsilon^*, \left(1 + \dfrac{1}{\mu}\right)\hat{\eta}\}$, 然后计算 $V_k^i = \| t_k \vartheta_k^i \|$. 若 $V_k^i \leqslant \varepsilon_s$, 则停止, x^k 是问题 (EP) 的 ε_s-近似解. 否则, 转步骤 3.

7.4　广义变分不等式问题的近似束方法

在这一节中, 我们将近似束方法应用到广义变分不等式问题:

$$存在 x^* \in C 使得 \langle F(x^*), y - x^* \rangle + \varphi(y) - \varphi(x^*) \geqslant 0, \forall y \in C,$$

式中, $F : \mathbb{R}^n \to \mathbb{R}^n$ 是连续的; $\varphi : \mathbb{R}^n \to \mathbb{R}$ 是凸的. 记 $f(x, y) = \langle F(x), y - x \rangle + \varphi(y) - \varphi(x)$, 则这个问题是问题 (EP) 的特例. 分片线性函数 $\bar{f}_k^i$ 为

$$\bar{f}_k^i = \Theta_k^i(y) + \langle F(x^k), y - x^k \rangle,$$

函数 $\Theta_k^i(y)$ 为

$$\Theta_k^i(y) = \max_{0 \leqslant j \leqslant i-1} \{\tilde{\varphi}_y^j + \langle s_k^j, y - y_k^j \rangle\}, i = 1, 2, \cdots,$$

式中, $\tilde{\varphi}_y^j$ 和 s_k^j 满足

$$\varphi(y_k^j) \geqslant \tilde{\varphi}_y^j \geqslant \varphi(y_k^j) - \varepsilon_j, \quad \varphi(\zeta) \geqslant \tilde{\varphi}_y^j + \langle s_k^j, \zeta - y_k^j \rangle, \forall \zeta \in C,$$

进一步地, ε_j 满足 $0 \leqslant \varepsilon_j \leqslant \bar{\varepsilon}$. 特别地, 当 $j = 0$ 时, 取 $y_k^0 = x^k$. 下降准则 (7.5) 变为

$$\tilde{\varphi}_x^k - \tilde{\varphi}_y^i \geqslant \mu(\tilde{\varphi}_x^k - \theta_k^i(y_k^i)) + (1 - \mu)\langle F(x^k), y_k^i - x^k \rangle,$$

式中, $\mu \in (0, 1)$; $\tilde{\varphi}_x^k$ 满足 $\varphi(x^k) \geqslant \tilde{\varphi}_x^k \geqslant \varphi(x^k) - \eta^k, 0 \leqslant \eta^k \leqslant \bar{\eta}$. 同样地, 假设函数 $\Theta_k^i(y)$ 满足下面的条件:

(1) $\Theta_k^i(y) \leqslant \varphi(y), i = 1, 2, \cdots, \forall y \in C$;

(2) $\Theta_k^{i+1}(y) \geqslant \tilde{\varphi}_y^i + \langle s_k^i, y - y_k^i \rangle, i = 1, 2, \cdots, \forall y \in C$;

(3) $\Theta_k^{i+1}(y) \geqslant l'^i_k(y), i = 1, 2, \cdots, \forall y \in C$.

其中, $l'^i_k(y) = \Theta_k^i(y_k^i) + \langle G_k^i + b_k^i - F(x^k), y - y_k^i \rangle$. 求解广义变分不等式问题 (GVIP) 的近似束方法如下:

选取初始点 $x^0 \in C$, 下降乘子 $\mu \in (0, 1)$, 最小迫近乘子 $t_{\min} > 0$, 参数 $c > 1$ 和 $\gamma \in (0, 1)$, 停止参数 $\varepsilon_s \geqslant 0$. 选取初始迫近参数 $t_1 \geqslant t_{\min}$, 令 $y_0^0 = x^0$, $k = 0, i = 1$.

步骤 1: 选取分片线性函数 $\Theta_k^i \leqslant \varphi$, 求解

$$(\bar{P}_k^i) \qquad \min_{y \in C}\{\Theta_k^i(y) + \langle F(x^k), y - x^k \rangle + \frac{1}{2t_k}\|y - x^k\|^2\}$$

得到 $y_k^i \in C$.

计算:

$$E_k^i = \tilde{\varphi}_x^k - l'^i_k(x^k) - \langle b_k^i, x^k - y_k^i \rangle,$$
$$\delta_k^i = \tilde{\varphi}_x^k - \Theta_k^i(y_k^i),$$
$$V_k^i = \|y_k^i - x^k\|.$$

步骤 2: 若 $V_k^i \leqslant \varepsilon_s$, 则停止.

步骤 3: 若 $\delta_k^i + E_k^i < 0$, 则令 $t_k := ct_k$, 转步骤 5.

步骤 4: 若测试点 y_k^i, 即 y_k^i 满足

$$\tilde{\varphi}_x^k - \tilde{\varphi}_y^i \geqslant \mu(\tilde{\varphi}_x^k - \theta_k^i(y_k^i)) + (1 - \mu)\langle F(x^k), y_k^i - x^k \rangle,$$

则令 $x^{k+1} = y_k^i, y_{k+1}^0 = x^{k+1}$, 选取 $t_{k+1} = \gamma t_k \geqslant t_{\min}$, 令 $k = k+1, i = 0$, 转步骤 1. 若不满足, 则转步骤 5.

步骤 5: 令 $i = i + 1$, 转步骤 1.

在文献 [109] 中, 假设 F 在 C 上是 φ-co-强制的, 则可以得到算法的收敛性. 映射 F 是 φ-co-强制的, 即存在 $\tau > 0$ 使得, 对所有的 $x, y \in C$, 有 $\langle F(x), y - x \rangle + \varphi(y) - \varphi(x) \geqslant 0$ 成立, 且

$$\langle F(y), y - x \rangle + \varphi(y) - \varphi(x) \geqslant \tau\|F(y) - F(x)\|^2.$$

容易证明, 若 F 是 co-强制的, 即

$$\exists \tau > 0, \forall x, y \in C, \langle F(x) - F(y), x - y \rangle \geqslant \tau\|F(x) - F(y)\|^2,$$

则 F 是 φ-co-强制的.

在给出收敛性定理之前, 先给出一个命题. 在文献 [144] 的收敛性分析中, 函数 g 须满足式 (7.34) 和式 (7.35), 因此我们通过选取合适的参数使函数 g 满足这两个条件.

命题 7.3 [101] 设 $f(x,y) = \langle F(x), y-x \rangle + \varphi(y) - \varphi(x)$, 其中 $F : C \to \mathbb{R}^n$ 是连续的, $\varphi : C \to \mathbb{R}$ 是凸的. 若 F 是 φ-co-强制的, 则存在非负函数 $g = \|F(y) - F(x)\|^2$ 和参数 $\tau > 0$ 使得, 对所有的 $x, y, z \in C$, $v > 0$, 成立

$$f(x,y) \geqslant 0 \Rightarrow f(y,x) \leqslant -\tau g(x,y),$$
$$f(x,z) - f(y,z) - f(x,y) \leqslant \frac{1}{2v} g(x,y) + \frac{v}{2} \|z - y\|^2.$$

在命题 7.3 之下, 我们给出算法的收敛性定理.

定理 7.6 假设序列 $\{t_k\}$ 是非增的且满足 $0 < t_{\min} \leqslant t_k$. F 是 φ-co-强制的且 $\tau > \dfrac{t_0}{2\mu^2}$. 若算法产生无限序列 $\{x^k\}$, 则序列 $\{x^k\}$ 收敛到问题(GVIP) 的近似解.

证明 因为 $t_0 < 2\mu^2\tau$, 由定理 7.3 和命题 7.3 知, 令 $\gamma = \dfrac{1}{2\mu\tau}$, 则 $t_0 < \dfrac{\mu}{\gamma}$, $\mu > \dfrac{1}{2\gamma\tau}$. 因此, 式 (7.34) 和式 (7.35) 中的不等式成立.

7.5 数值实验及结果

本节的数值实验由两部分构成: 非光滑均衡问题及变分不等式问题. 我们的数值试验环境为 MATLAB R2010a.

7.5.1 非光滑均衡问题的数值结果

这一节我们给出一般形式的均衡问题的数值结果.

例 7.1 设 $C = [0,1] \times [0,1]$. 问题 (EP) 为 $f(x,y) = (x_1 + x_2 - 1)(y_1 - x_1) + (x_1 + x_2 - 1)(y_2 - x_2)$. 问题 (EP) 的解为 S(EP) $= \{x \in C : x_1 + x_2 = 1\}$.

这个凸均衡问题由文献 [94] 给出. 算法的参数设置为: 下降乘子 $\mu = 0.9$, 迭代参数 $\gamma = 0.55$, 停止准则 $\varepsilon_s = 1.0e-06$. 对每个初始点, 算法近似束方法给出了问题的近似解. 我们与文献 [94] 中的迫近点方法做了比较. 表 7.1 给出了两个算法的数值结果. 通过比较, 可以看出由近似束方法得到的误差比迫近点方法得到的要小, 且迭代的步数更少.

表 7.1 例 7.1 的数值结果对比

初始点	最优解	近似束方法		迫近点方法	
		迭代次数	误差	迭代次数	误差
(0.7570,0.7540)	(5.01e−01,4.99e−01)	11	6.11e−07	13	8.61e−05
(0.5850,0.5500)	(5.00e−01,5.00e−01)	14	7.19e−07	21	9.06e−05
(0.0760,0.0540)	(5.11e−01,4.89e−01)	10	6.27e−07	13	8.61e−05
(0.5690,0.4690)	(5.50e−01,4.50e−01)	13	9.17e−07	25	8.13e−05
(0.3800,0.5680)	(5.00e−01,5.00e−01)	12	7.73e−07	27	8.68e−05

例 7.2 考虑具有等式约束的非光滑问题, 其中 $f(x,y) = |y_1| - |x_1| + y_2^2 - x_2^2$, 约束集合 $C = \{x \in \mathbb{R}_+^2 : x_1 + x_2 = 1\}$. 该问题的解为 $x^* = \left(\frac{1}{2}, \frac{1}{2}\right)$, f 的部分次微分为

$$\partial_2 f(x,y) = \begin{cases} (1, 2y_2), & \text{若 } x_1 > 0, \\ ([-1,1], 2y_2), & \text{若 } x_1 = 0, \\ (-1, 2y_2), & \text{若 } x_1 < 0. \end{cases}$$

算法的参数为: $\mu = 0.9$, $\gamma = 0.95$, $\varepsilon_s = 1.0e - 04$. 我们与文献 [96] 中的非精确投影次梯度法做了比较. 表 7.2 给出了两个算法的数值实验结果. 对相同的停止准则, 可以看出, 近似束方法与非精确投影次梯度法具有差不多的迭代次数, 但近似束方法的误差更小.

表 7.2 例 7.2 的数值结果对比

初始点	最优解	近似束方法		非精确投影次梯度法	
		迭代次数	误差	迭代次数	误差
$(0.0000, 1.0000)$	$(5.00e-01, 5.00e-01)$	2	$1.90e-05$	1	——
$(0.1111, 0.8889)$	$(5.00e-01, 5.00e-01)$	2	$1.85e-05$	8	——
$(0.3337, 0.6667)$	$(5.00e-01, 5.00e-01)$	8	$3.89e-05$	8	——
$(0.6667, 0.3333)$	$(5.00e-01, 5.00e-01)$	7	$1.00e-05$	5	——
$(0.8889, 0.1111)$	$(5.00e-01, 5.00e-01)$	4	$6.01e-05$	7	——
$(1.0000, 0.0000)$	$(5.00e-01, 5.00e-01)$	1	$1.11e-05$	1	——

例 7.3 考虑下面的均衡问题, 其中

$$C = \left\{x \in R^5 : \sum_{i=1}^{5} x_i \geqslant -1, -5 \leqslant x_i \leqslant 5, i = 1, 2, \cdots, 5\right\}.$$

目标函数为

$$f(x,y) = \langle Px + Qy + q, y - x \rangle.$$

矩阵 P, Q 和向量 q 分别为

$$P = \begin{pmatrix} 3.1 & 2 & 0 & 0 & 0 \\ 2 & 3.6 & 0 & 0 & 0 \\ 0 & 0 & 3.5 & 2 & 0 \\ 0 & 0 & 2 & 3.3 & 0 \\ 0 & 0 & 0 & 0 & 2 \end{pmatrix}, \quad Q = \begin{pmatrix} 1.6 & 1 & 0 & 0 & 0 \\ 1 & 1.6 & 0 & 0 & 0 \\ 0 & 0 & 1.5 & 1 & 0 \\ 0 & 0 & 1 & 1.5 & 0 \\ 0 & 0 & 0 & 0 & 2 \end{pmatrix}, \quad q = \begin{pmatrix} 1 \\ -2 \\ -1 \\ 2 \\ -1 \end{pmatrix}.$$

这是典型的均衡问题之一, 它是 Cournot-Nash 均衡问题的推广, 参见文献 [145]. 算法的参数为: $\mu = 0.5$, $\gamma = 0.08$, $\varepsilon_s = 1.0e - 05$. 表 7.3 给出了算法的每一个严格

步的迭代过程, 经过七次迭代之后的近似解为

$$x^7 = (0.61222, -0.35699, -0.54968, 0.91190, 0.34309)^{\mathrm{T}}.$$

从表 7.3 可以看出, 由近似束方法得到的序列快速的收敛到近似解, 四次迭代之后的收敛性很稳定. 除了第 3 步和第 4 步的迭代, 其他严格步中的零步很少, 这说明了算法中所提出的下降准则对于处理该问题的非精确数据是有效的.

表 7.3　例 7.3 的数值结果

迭代步(k)	x_1^k	x_2^k	x_3^k	x_4^k	x_5^k	零步(1)
0	1.000000	3.000000	1.000000	1.000000	2.000000	2
1	−1.005527	−1.064073	−0.606255	0.251200	1.424655	1
2	−1.021655	−1.273161	−0.576303	0.373312	1.497807	1
3	0.613834	−0.354027	−0.548372	0.912560	0.344105	20
4	0.612341	−0.356755	−0.549570	0.911951	0.343183	20
5	0.612221	−0.356973	−0.549666	0.911903	0.343110	3
6	0.612219	−0.356992	−0.549675	0.911904	0.343093	2
7	0.612219	−0.356993	−0.549676	0.911904	0.343092	—

例 7.4　考虑文献 [146] 中的非光滑均衡问题, 双重函数为

$$f(x,y) = \langle Px + Qy + r, y - x \rangle + g_1(x)g_2(y) - g_1(y)g_2(x),$$

式中, $P, Q \in \mathbb{R}^n \times \mathbb{R}^n$ 为正定矩阵; $r \in \mathbb{R}^n$;

$$g_1(x) = \min\{\langle c_1, x \rangle, \langle d_1, x \rangle\}, \quad g_2(x) = \min\{\langle c_2, x \rangle, \langle d_2, x \rangle\},$$

其中, $c_1, c_2, d_1, d_2 \in \mathbb{R}_+^n$. 约束集合 $C = [0, b_1] \times \cdots \times [0, b_n]$. 矩阵 P 和 Q 由 $P = aAA^{\mathrm{T}} + bI$ 和 $Q = a'BB^{\mathrm{T}} + b'I$ 给出. 通过选取合适的矩阵 A, B 和系数 b, b', 产生 P 和 Q 的均匀分布的伪随机最小特征值. 矩阵和系数的选取范围在表 7.4 中给出. 在文献 [146] 中, 矩阵的维数为 $n = 10$. 在这里, 我们提高矩阵的维数来分析算法的性能.

表 7.4　例 7.4 的均匀分布的范围

变量	范围	变量	范围
$A_{i,j}$	[0, 50]	c_1, d_1	[0, 1]
$B_{i,j}$	[0, 50]	c_2, d_2	[0.5, 2]
$a,$	[0, 0.5]	r	[−5, 5]
a'	[0, 0.5]	$\lambda_{\min}(P)$	[0.5, 2]
b_i	[10, 15]	$\lambda_{\min}(Q)$	[0.5, 2]

在这个例子中, 算法的参数为: $\mu = 0.6, \gamma = 0.9, \varepsilon_s = 1.0e-05$. 令 $n = 20, 30, 50$, 表 7.5 给出了近似束方法的数值结果. 从表中可以看出, 近似束方法具有很快的收

敛效果. 得到的最优值和误差结果可以说明, 引入非精确数据求解该问题是合理的. 从运行时间可以看出, 随着维数的增大, 算法要花费更长的时间来得到问题的解. 这是因为, 当维数增加时, 函数中的非光滑数据的规模增大, 迭代的次数也因此而增加. 所以, 近似束方法对于求解该问题是有效的.

表 7.5 例 7.4 的数值结果

维数	迭代次数	运行时间/s	最优值	误差
20	2	0.20	$-2.33\text{e}-11$	$6.06\text{e}-16$
20	2	0.21	$-1.82\text{e}-11$	$3.14\text{e}-16$
20	2	0.20	$-2.10\text{e}-11$	$1.44\text{e}-16$
30	4	0.67	$-1.35\text{e}-08$	$1.31\text{e}-12$
30	4	0.68	$-4.70\text{e}-08$	$2.94\text{e}-12$
30	4	0.68	$-3.45\text{e}-08$	$5.03\text{e}-12$
50	3	1.19	$-3.36\text{e}-08$	$5.16\text{e}-11$
50	4	1.59	$-5.59\text{e}-07$	$2.75\text{e}-11$
50	5	1.98	$-2.57\text{e}-12$	$1.33\text{e}-16$

7.5.2 变分不等式问题的数值结果

在这一节, 针对特殊的均衡问题 —— 变分不等式问题, 我们给出它的数值结果.

例 7.5 考虑特殊的均衡问题 —— 变分不等式问题, $C=[0,1]^n$, $F(x)=Mx+d$, 其中

$$M = \begin{pmatrix} 4 & -2 & 0 & 0 & 0 \\ 1 & 4 & -2 & 0 & 0 \\ 0 & 0 & 1 & 4 & -2 \\ & \ddots & \ddots & & \ddots \\ & & & 1 & 4 \end{pmatrix}, \quad d = \begin{pmatrix} -1 \\ -1 \\ \vdots \\ -1 \end{pmatrix}.$$

算法的参数为: $\gamma = 0.4$, $\mu = 0.9$. 令 $x^0 = (0,0,\cdots,0)$, $\varepsilon_s = 1.0\text{e}-10$. 令 $n = 10, 50, 100, 200, 500, 1000$, 算法的数值结果在表 7.6 中给出. 表 7.7 比较了近似束方法和算法 D[147]、外梯度法[148]、双投影法[149]. 通过比较, 可以看出近似束方法比其他三种算法具有更少的迭代次数, 这说明近似束方法对求解这一问题在效率上有了很大的提高.

例 7.6 在这个例子中, $F(x) = Mx + q$, 见文献 [150]. 矩阵 M 为

$$M = AA^{\mathrm{T}} + B + D,$$

式中, 矩阵 $A \in \mathbb{R}^{m \times m}$ 和斜对称矩阵 $B \in \mathbb{R}^{m \times m}$ 的每行由区间 $(-5,5)$ 一致产生; 对角矩阵 $D \in \mathbb{R}^{m \times m}$ 的元素由区间 $(0, 0.3)$ 一致产生 (因此 M 是正定的), 向量 q

由区间 $(-500, 0)$ 一致产生. 可行集 C 为

$$C = \{x \in \mathbb{R}_+^m \mid x_1 + x_2 + \cdots + x_m = m\}.$$

表 7.6　例 7.5 的数值结果

维数	迭代次数	运行时间/s	最优值	误差
10	7	0.30	$-1.27e-10$	$4.32e-11$
50	7	0.80	$-6.41e-10$	$9.67e-11$
100	8	2.44	$-6.71e-11$	$7.67e-12$
200	9	5.13	$-8.34e-13$	$1.48e-13$
500	9	112.40	$-1.09e-12$	$1.19e-13$
1000	9	1543.85	$-6.93e-12$	$3.02e-13$

表 7.7　例 7.5 的数值结果对比

算法	迭代数量					
	$n=10$	$n=50$	$n=100$	$n=200$	$n=500$	$n=1000$
近似束方法	7	7	8	9	9	9
算法 D	18	19	15	16	13	—
外梯度法	13	13	13	13	13	—
双投影法	—	17	17	18	19	—

令 $x^0 = (1, 1, \cdots, 1)$, $\varepsilon_s = 1.0e-05$, 算法的参数为 $\mu = 0.9, \gamma = 0.8$. 对不同的维数, 每个维数产生三个不同的样本. 表 7.8 比较了算法近似束方法和文献 [150] 中的 SubPM 算法. 从表中可以看出, 近似束方法的迭代次数更少, 运行时间更短. 进一步地, 在最优点处的函数值很小, 这说明了算法的非精确数据思想是合理的.

表 7.8　例 7.6 的数值结果对比

维数 (m)	近似束方法			SubPM 算法	
	迭代次数	运行时间/s	最优值	迭代次数	运行时间/s
20	6	0.33	$7.11e-004$	79	5.2
20	7	0.42	$-2.51e-004$	101	7.3
20	11	0.52	$-7.81e-009$	110	8.9
50	22	1.98	$6.46e-012$	226	126
50	28	2.82	$-2.49e-013$	237	144
50	33	2.97	$-1.61e-014$	447	265

例 7.7　在这个例子中, 我们仍然考虑例 7.6 中的变分不等式问题, 其中 M 和 q 分别为

$$M = \begin{pmatrix} 1 & 2 & \cdots & \cdots & 2 \\ 0 & 1 & 2 & \cdots & \vdots \\ \vdots & \ddots & \ddots & \ddots & \vdots \\ \vdots & & \ddots & \ddots & 2 \\ 0 & \cdots & \cdots & 0 & 1 \end{pmatrix}, \qquad q = \begin{pmatrix} -1 \\ -1 \\ \vdots \\ -1 \end{pmatrix}.$$

算法的参数为: $\gamma = 0.7$, $\mu = 0.8$. 令 $x^0 = (0, 0, \cdots, 0)$, $\varepsilon_s = 1.0e-7$. 表 7.9 给出了近似束方法与非光滑牛顿法[151]、自适应投影法[152] 和阻尼牛顿法[32] 三个算法的比较结果. 从表 7.9 可以看出, 阻尼牛顿法具有最差的数值效果. 对于低维数, 虽然自适应投影法具有较少的迭代次数, 但近似束方法用了更少的时间停止. 与光滑牛顿法相比, 对相同的迭代次数, 近似束方法的运行时间更少. 对 $n \geqslant 256$, 近似束方法在迭代次数和运行时间上都具有良好的效果, 这说明了近似束方法对求解这一问题具有很大的改善.

表 7.9   例 7.7 的数值结果对比

维数	近似束方法		非光滑牛顿法		自适应投影法		阻尼牛顿法	
	迭代次数	时间/s	迭代次数	时间/s	迭代次数	时间/s	迭代次数	时间/s
32	8	0.29	8	1.79	4	0.34	72	—
64	8	0.38	8	3.54	5	1.48	208	—
128	8	0.65	8	12.51	6	6.70	> 300	—
256	8	3.08	—	—	8	32.26	—	—
512	10	15.10	—	—	—	—	—	—
1024	10	69.07	—	—	—	—	—	—

例 7.8   在这个例子中仍考虑变分不等式问题, M 和 q 分别为

$$M = \begin{pmatrix} 1 & 2 & 2 & \cdots & & 2 \\ 2 & 5 & 6 & \cdots & & 6 \\ 2 & 6 & 9 & \cdots & & 10 \\ \vdots & \vdots & \vdots & \cdots & & \vdots \\ 2 & 6 & 10 & \cdots & 4(n-1)+1 \end{pmatrix}, \qquad q = \begin{pmatrix} -1 \\ -1 \\ \vdots \\ -1 \end{pmatrix}.$$

这个例子由文献 [32] 给出.

算法的参数为: $\gamma = 0.3$, $\mu = 0.9$. 令 $x^0 = (0, 0, \cdots, 0)$, $\varepsilon_s = 1.0e-5$. 对不同的维数, 表 7.10 给出了这个例子的数值结果. 从表中可以看出, 算法的迭代次数很少, 这说明算法中的下降准则被很好地执行. 从最优值和误差可以看出, 子问题被有效

地求解, 近似束方法的非精确数据想法是合理的. 因此, 近似束方法对求解这一问题是有效的.

表 7.10　例 7.8 的数值结果

维数	迭代次数	运行时间/s	最优值	误差
32	5	0.24	$-2.62\mathrm{e}{-05}$	$4.63\mathrm{e}{-06}$
64	5	0.49	$-5.97\mathrm{e}{-05}$	$8.57\mathrm{e}{-06}$
128	5	3.23	$-1.94\mathrm{e}{-06}$	$2.52\mathrm{e}{-06}$
256	4	7.70	$-1.62\mathrm{e}{-05}$	$5.93\mathrm{e}{-06}$
512	4	37.72	$-2.21\mathrm{e}{-06}$	$3.64\mathrm{e}{-07}$
1024	5	1132.20	$-6.14\mathrm{e}{-06}$	$1.92\mathrm{e}{-08}$

参 考 文 献

[1] Rockafellar R T, Wets R J B. Variational Analysis. Berlin: Springer, 1998.

[2] 冯德兴. 凸分析基础. 北京: 科学出版社, 1995.

[3] Mordukhovich B S. Variational Analysis and Generalized Differentiation I: Basic Theory. Berlin: Springer, 2006.

[4] Carven B D. Mathematical Programming and Control Theory. London: Chapman and Hall, 1978.

[5] Jayakumar V. Convexlike alternative theorems and mathematical programing. Optimization, 1985, 16(5): 643-652.

[6] Jayakumar V. A generalization of a minimax theorem of Fan via a theorem of the alternative. Journal of Optimization Theory and Applications, 1986, 48(3): 525-533.

[7] Yang X M. Alternative theorems and optimality conditions with weakened convexity. Opsearch, 1992, 29(2): 125-135.

[8] Yang X M, Li D, Wang S Y. Near-subconvexlikeness in vector optimization with set-valued functions. Journal of Mathematical Analysis and Applications, 2001, 110(2): 413-427.

[9] Zhao K Q, Yang X M. Characterizations of efficiency in vector optimization with $C(T)$-valued mappings. Optimization Letters, 2015, 9(2): 391-401.

[10] Zhao K Q, Yang X M. E-Benson proper efficiency in vector optimization. Optimization, 2013, 64(4): 1-14.

[11] Yang X M, Chen G Y. Theorems of the alternative and optimization with set-valued maps. Journal of Optimization Theory and Applications, 2000, 107(3): 627-640.

[12] Han Y, Huang N J. Existence and connectedness of solutions for generalized vector quasi-equilibrium problems. Journal of Optimization Theory and Applications, 2018 (179): 65-85.

[13] Zhou L W, Huang N J. Existence of solutions for vector optimization on Hadamard manifolds. Journal of Optimization Theory and Applications, 2013, 157(1): 44-53.

[14] Göpfer A, Tammer C, Riahi H, et al. Variational Methods in Partially Ordered Spaces. New York: Springer, 2003.

[15] Zaffaroni A. Degrees of efficiency and degrees of minimality. SIAM Journal on Control and Optimization, 2003, 42(3): 1071-1086.

[16] Durea M, Strugariu R. On parametric vector optimization via metric regularity of constraint systems. Mathematical Methods of Operations Research, 2011, 74(3): 409-425.

[17] Liu C P, Lee H. Lagrange multiplier rules for approximate solutions in vector optimization. Journal of Industrial and Management Optimization, 2012, 8(3): 749-764.

[18]　Fliege J, Xu H F. Stochastic multiobjective optimization: sample average approxima-
　　　tion and applications. Journal of Optimization Theory and Applications, 2011, 151(1):
　　　135-162.

[19]　Mordukhovich B S. Multiojective optimization problems with equilibrium constraints.
　　　Mathematical Programming, 2008, 55(1): 331-354.

[20]　Ye J J, Zhu Q J. Multiobjective optimization problem with varitional inequality con-
　　　straints. Mathematical Programming, 2003, 96(1): 139-160.

[21]　Mordukhovich B S, Tremiman J S, Zhu Q J. An extended extremal principle with
　　　applications to multiobjective optimization. SIAM Journal on Optimization, 2003,
　　　14(2): 359-379.

[22]　Dutta J, Vetrivel V. On approximate minima in vector optimization. Numerical Func-
　　　tional Analysis and Optimization, 2001, 22(7-8): 845-859.

[23]　Koopmans T C. Activity Analysis of Production and Application. New York: Wiley,
　　　1951.

[24]　Arrow K J, Karlin S, Suppes P, et al. Mathematical Methods in the Social Sciences.
　　　Stanford, CA: Stanford University Press, 1959.

[25]　Mordukhovich B S. Variational Analysis and Generalized Differentiation II: Applica-
　　　tions. Berlin: Springer, 2006.

[26]　Pareto V. Course Economic Politique. Lausanne: Rouge Press, 1896.

[27]　Nenmann V, Morgensten O. Theory Games and Economic Behavior. Princeton:
　　　Princetion University Press, 1944.

[28]　Koopmans T C. An analysis of production as an efficient combination of activities.
　　　Activity Analysis of Production and Allocation, 1951 (13): 33-97.

[29]　Kuhn H W, Tucker A W. Nonlinear programming//Proceedings of the Second Berke-
　　　ley Symposium on Mathematical Statistics and Probability. Berkeley: University of
　　　California Press, 1951: 481-492.

[30]　Bracken J, McGill J T. Mathematical programs with optimization problems in the
　　　constraints. Operations Research, 1973, 21: 37-44.

[31]　Bracken J, McGill J T. A method for solving mathematical programs with nonlinear
　　　problems in the constraints. Operations Research, 1974, 22(22): 1097-1101.

[32]　Harker P T, Pang J S. On the existence of optimal solutions to mathematical program
　　　with equilibrium constraints. Operations Research Letters, 1988, 7(2): 61-64.

[33]　Luo Z Q, Pang J S, Ralph D. Mathematical Programs With Equilibrium Constraints.
　　　Cambridge: Cambridge University Press, 1996.

[34]　Raghunathan A, Biegler L T. MPEC formulations and algorithms in process engineer-
　　　ing. Computers and Chemical Engineering, 2003, 27(10): 1381-1392.

[35]　Outrata J V. Mathematical Programs with Equilibrium Constraints: Theory and

Numerical Methods. Vienna: Springer, 2006: 221-274.

[36] Flegel M L, Kanzow C. Optimality conditions for mathematical programs with equilibrium constraints: Fritz John and Abadie-type approaches. Würzburg: Universität Würzburg, 2002.

[37] Mordukhovich B S. Equilibrium problems with equilibrium constraints via multiobjective optimization. Optimization Method and Software, 2004, 19(5): 479-492.

[38] Ehrenmann A. Equilibrium problems with equilibrium constraints and their application to electricity markets. Cambridge: University of Cambridge, 2004.

[39] Su C L. Equilibrium problems with equilibrium constraints: stationarities, algorithms, and applications. Stanford: Stanford University, 2005.

[40] Mordukhovich B S. Optimization and equilibrium problems with equilibrium constraints. Omega, 2005, 33(5): 379-384.

[41] Florenzano M. General Equilibrium Analysis: Existence and Optimality Properties of Equilibria. Vienna: Springer, 2003.

[42] Mas-Colell A, Whinston M D, Green J R. Microeconomic Theory. Oxford: Oxford University Press, 1995.

[43] Hu X, Ralph D, Ralph E K, et al. The effect of transmission capacities on competition in deregulated electricity markets. Preprint, 2002.

[44] Stackelberg H V. The Theory of Market Economy. Oxford: Oxford University Press, 1952.

[45] Tobin R L. Uniqueness results and algorithms for Stackelberg-Cournot-Nash equilibria. Annals of Operations Research, 1992, 34(1): 21-36.

[46] Chen C L, Wang B W, Lee W C. Multi-objective optimization for a multienterprise supply chain network. Industrial and Engineering Chemistry Research, 2003, 42(9): 1879-1889.

[47] Guillen G, Mele F D, Bagajewicz M J, et al. Multiobjective supply chain design under uncertainty. Chemical Engineering Science, 2005, 60(6): 1535-1553.

[48] Hu X M, Ralph D. Using EPECs to model bilevel games in restructured electricity markets with locational prices. Operations Research, 2004, 55(5): 809-827.

[49] Mordukhovich B S, Outrata J V, Cervinka M. Equilibrium problems with complementarity constraints: case study with applications to oligopolistic markets. Optimization, 2009, 56(4): 479-494.

[50] Yin Y. Multiobjective bi-level optimization for transportation planning and management problems. Journal of Advanced Transportation, 2002, 36(1): 93-105.

[51] Chen A, Kim J, Lee S, et al. Stochastic multi-objective models for network design problem. Expert Systems with Applications, 2010, 37(2): 1608-1619.

[52] Gabriel S A, Conejo A J, Fuller J D, et al. Complementarity modeling in energy

markets//International Series in Operations Research and Management Science. New York: Springer, 2013.

[53] Siddiquia S, Christensenc A. Determining energy and climate market policy using multiobjective programs with equilibrium constraints. Energy, 2016, 94(1): 316-325.

[54] Ferris M, Tin-Loi F. Limit analysis of frictional block assemblies as a mathematical program with complementarity constraints. International Journal of Mechanical Sciences, 2001, 43(1): 209-224.

[55] Ferris M, Tin-Loi F. On the solution of a minimum weight elastoplastic problem involving displacement and complementarity constraints. Computer Methods in Applied Mechanics and Engineering, 1999, 174(1-2): 107-120.

[56] Tin-Loi F, Que N. Nonlinear programming approaches for an inverse problem in quasibrittle fracture. Mechanical Sciences, 2002, 44(5): 843-858.

[57] Rico-Ramirez V, Westerberg A. Conditional modeling. 2. solving using complementarity and boundary-crossing formulations. Industrial Engineering and Chemistry Research, 1999, 38(2): 531-553.

[58] Anjos M F, Vanelli A. A new mathematical programming framework for facility layout design. INFORMS Journal on Computing, 2006, 18(1): 111-118.

[59] Mordukhovich B S, Outrata J V. Coderivative analysis of quasi-variational inequalities with applications to stability and optimization. SIAM Journal on Optimization, 2007, 18(2): 389-412.

[60] Facchinei F, Pang Z S, Glynn P W, et al. Finite-Dimensional Variational Inequalities and Complementarity Problems. New York: Springer, 2003.

[61] Outrata J, Kočvara M, Zowe J. Nonsmooth Approach to Optimization Problems With Equilibrium Constraints: Theory, Applications and Numerical Results. Boston: Kluwer Academic Publishers, 1998.

[62] Ye J J. Necessary optimality conditions for multiobjective bilevel programs. Mathematics of Operations Research, 2011, 36(1): 165-184.

[63] Bao T Q, Gupta P, Mordukhovich B S. Necessary conditions in multiobjective optimization with equilibrium constraints. Journal of Optimization Theory and Applications, 2007, 135(2): 179-203.

[64] Eichfelder G. Multiobjective bilevel optimization. Mathematical Programming, 2010, 123(2): 419-449.

[65] Pandey Y, Mishra S K. On strong KKT type sufficient optimality conditions for nonsmooth multiobjective semi-infinite mathematical programming problems with equilibrium constraints. Operations Research Letters, 2016, 44 (1): 148-151.

[66] Henrion R, Outrata J, Surowiec T. On the co-derivative of normal cone mappings to inequality systems. Nonlinear Analysis, 2009, 71(3-4): 1213-1226.

[67] Henrion R, Kruger A Y, Outrata J V. Some remarks on stability of generalized equations. Journal of Optimization Theory and Applications, 2013, 159(3): 681-697.

[68] Henrion R, Outrata J V, Surowiec T. On regular coderivatives in parametric equilibria with non-unique multipliers. Mathematical Programming, 2012, 136(1): 111-131.

[69] Mordukhovich B S. Coderivative calculus and robust Lipschitzian stability of variational systems. Journal of Convex Analysis, 2006, 13(3): 799-822.

[70] Wu J, Zhang L W. A smoothing Newton method for mathematical programs constrained by parameterized quasi-variational inequalities. Science China Mathematics, 2011, 54(6): 1269-1286.

[71] Wu J, Zhang L W. Second order sufficient conditions for mathematical programs governed by second-order cone constrained generalized equations. OR Transactions, 2011, 15(1): 95-103.

[72] Liang Y C, Zhu X D, Lin G H. Necessary optimality conditions for mathematical programs with second-order cone complementarity constraints. Set-Valued and Variational Analysis, 2014, 22(1): 59-78.

[73] Zhang Y, Wu J, Zhang L W. First order necessary optimality conditions for mathematical programs with second-order cone complementarity constraints. Journal of Global Optimization, 2015, 63(2): 253-279.

[74] Ye J J, Zhou J C. First-order optimality conditions for mathematical programs with second-order cone complementarity constraints. SIAM Journal on Optimization, 2016, 26(4): 2820-2846.

[75] Outrata J V, Ramirez H. On the aubin property of critical points to perturbed second-order cone programs. SIAM Journal on Optimization, 2011, 21(3): 798-823.

[76] Outrata J V, Sun D F. On the coderivative of the projection operator onto the second-order cone. Set-Valued and Variational Analysis, 2008, 16(7) :999-1014.

[77] Xu H F, Ye J J. Approximating stationary points of stochastic mathematical programs with equilibrium constraints via sample averaging. Set-Valued and Variational Analysis, 2011, 19(2): 283-309.

[78] Patriksson M, Wynter L. Stochastic mathematical programs with equilibrium constraints. Operations Reaserch Letters, 1999, 25(4): 159-167.

[79] Shapiro A, Xu H F. Stochastic mathematical programs with equilibrium constraints, modeling and sample average approximation. Optimization, 2008, 57(3): 395-418.

[80] Lin G H, Chen X J, Fukushima M. Solving stochastic mathematical programs with equilibrium constraints via approximation and smoothing implicit programming with penalization. Mathematical Programming, 2009, 116(1-2): 343-368.

[81] Massimiliano K, Daris R. Multi-objective stochastic optimization programs for a nonlife insurance company under solvency constraints. Risk, 2015, 3(4): 390-419.

[82] Caballero R, Cerdá E, Muñoz M M, et al. Stochastic approach versus multiobjective approach for obtaining efficient solutions in stochastic multiobjective programming problems. European Journal of Operational Research, 2004, 158(3): 633-648.

[83] Slowinski R, Teghem J. Stochastic Versus Fuzzy Approaches to Multiobjective Mathematical Programming Under Uncertainty. Dordrecht: Kluwer Academic, 1990.

[84] Gutjahr W J, Pichler A. Stochastic multi-objective optimization: a survey on nonscalarizing methods. Annals of Operations Research, 2016, 236(2): 475-499.

[85] Lin G H, Zhang D L, Liang Y C. Stochastic multiobjective problems with complementarity constraints and applications in healthcare management. European Journal of Operational Research, 2013, 226(3): 461-470.

[86] Deb K, Sinha A. An efficient and accurate solution methodology for bilevel multiobjective programming problems using a hybrid evolutionary-local-search algorithm. Evolutionary Computation, 2010, 18(3): 403-449.

[87] Bonnel H, Collonge J. Stochastic optimization over a Pareto set associated with a stochastic multi-objective optimization problem. Journal of Optimization Theory and Applications, 2014, 162(2): 405-427.

[88] Kim S, Ryu J H. The sample avreage approximation method for multi-objective stochastic optimization//Proceeding of the 2011 Winter Simulation Conference, 2011: 4026-4037.

[89] Roghanian E, Sadjadi S J, Aryanezhad M B. A probabilistic bi-level linear multiobjective programming problem to supply chain planning. Applied Mathematics and Computation, 2007, 188(1): 786-800.

[90] Xu H F, Ye J J. Necessary conditions for two-stage stochastic programs with equilibrium constraints. SIAM Journal on Optimization, 2010, 20(4): 1685-1715.

[91] Blum E, Oettli W. From optimization and variational inequalities to equilibrium problems. Math Student, 1994, 63(1): 123-145.

[92] Iusem A N, Sosa W. Iterative algorithms for equilibrium problems. Optimization, 2003, 52(3): 301-316.

[93] Iusem A N, Sosa W. On the proximal point method for equilibrium problems in Hilbert spaces. Optimization, 2010, 59(8): 1259-1274.

[94] Mordukhovich B S, Panicucci B, Pappalardo M, et al. Hybrid proximal methods for equilibrium problems. Optimization Letter, 2012, 6(7): 1535-1550.

[95] Flima S D, Antipin A S. Equilibrium programming using proximal-like algorithms. Mathematical Programming, 1997, 77(1): 29-41.

[96] Santos P, Scheimberg S. An inexact subgradient algorithm for equilibrium problems. Computational and Applied Mathematics, 2011, 30(1): 91-107.

[97] Hare W, Sagastizábal C, Solodov M. A proximal bundle method for nonsmooth non-

convex functions with inexact information. Computational Optimization and Applications, 2016, 63(1): 1-28.

[98] Kiwiel K C. Bundle methods for convex minimization with partly inexact oracles. Systems Research Institute, Polish Academy of Sciences, 2010.

[99] Pang L P, Lv J, Wang J H. Constrained incremental bundle method with partial inexact oracle for nonsmooth convex semi-infinite programming problems. Computational Optimization and Applications, 2016, 64(2): 433-465.

[100] Yang Y, Pang L P, Ma X F, et al. Constrained nonsmooth optimization via proximal bundle method. Journal of Optimization Theory and Applications, 2014, 163(3): 900-925.

[101] Nguyen T T, Strodiot J J, Nguyen V H. A bundle method for solving equilibrium problems. Mathematical Programming, 2009, 116(1): 529-552.

[102] Oliveira W, Sagastizabal C, Scheimberg S. Inexact bundle methods for two-stage stochastic programming. SIAM Journal on Optimization, 2011, 21(2): 517-544.

[103] Bertsekas D P. Nonlinear Programming. Belmont: Athena Scientific, 1999.

[104] Li X, Tomasgard A, Barton P. Nonconvex generalized benders decomposition for stochastic separable mixed-integer nonlinear programs. Journal of Optimization Theory and Applications, 2011, 151(3): 425-454.

[105] Hintermüller M. A proximal bundle method based on approximate subgradients. Computational Optimization and Applications, 2001, 20(3): 245-266.

[106] Solodov M V. On approximations with finite precision in bundle methods for nonsmooth optimization. Journal of Optimization Theory and Applications, 2003, 119(1): 151-165.

[107] Emiel G, Sagastizábal C. Incremental-like bundle methods with applications to energy planning. Computational Optimization and Applications, 2010, 46(2): 305-332.

[108] Lv J, Pang L P, Wang J H. Special backtracking proximal bundle method for nonconvex maximum eigenvalue optimization. Applied Mathematics and Computation, 2015, 265: 635-651.

[109] Salmon G, Strodiot J J, Nguyen V H. A bundle method for solving variational inequalities. SIAM Journal on Optimization, 2004, 14(3): 869-893.

[110] Konnov I V. Combined Relaxation Methods for Variational Inequalities. Berlin: Springer, 2001.

[111] Shen J, Pang L P. A bundle-type auxiliary problem method for solving generalized variational-like inequalities. Computers and Mathematics with Applications, 2008, 55(12): 2993-2998.

[112] Konnov I V. The application of a linearization method to solving nonsmooth equilibrium problems. Russian Math, 1996, 40(12): 54-62.

[113] Kiwiel K C. An algorithm for nonsmooth convex minimization with errors. Mathematics of Computation, 1985, 45(171): 173-180.

[114] Kiwiel K C. A proximal bundle method with approximate subgradient linearizations. SIAM Journal on Optimization, 2006, 16(4): 1007-1023.

[115] 刘尚平. $D'(\mathbb{R}^n)$ 广义函数作为调和函数的边界值. 科学通报, 1983(4): 702.

[116] Li B H, Li Y Q. On the harmonic and analytic representations of distribution. Science in China Ser A, 1985, 23(9): 923-937.

[117] 李邦河. 非标准分解基础. 上海: 上海科技出版社, 1987.

[118] Гельфанд И М, Виленкин Н Я. 广义函数 2. 夏道行, 译. 北京: 科学出版社, 1965.

[119] 李邦河, 李雅卿, 武康平. 广义函数的集值导数. 中国科学 (A), 1992(3): 225-234.

[120] 董加礼. n 维广义函数的集值导数. 系统科学与数学, 1997(3): 213-220.

[121] 徐利治, 孙广润, 董加礼. 现代无穷小分析引论. 大连: 大连理工大学出版社, 1990.

[122] Fleming W. 多元函数 (上). 庄亚栋, 译. 北京: 人民教育出版社, 1981.

[123] 王金鹤. 广义函数多目标优化的必要条件. 长春: 吉林工业大学, 1996.

[124] Chen G Y, Huang X X, Yang X Q. Vector Optimization Set-valued and Variational Analysis. Berlin: Springer, 2005.

[125] Fukushima M. Fundamentals of Nonlinear Optimization. Tokyo: Asakura Shoten, 2001.

[126] Rockafellar R T. Convex Analysis. Princeton: Princeton University Press, 1970.

[127] Henrion R, Jourani A, Outrata J. On the calmness of a class of multifunction. SIAM Journal on Optimization, 2002, 13(2): 603-618.

[128] Friesz T L, Tobin R L, Cho H J, et al. Sensitivity analysis based heuristic algorithms for mathematical programs with variational inequality constraints. Mathematics Progamming, 1990, 48(1-3): 265-284.

[129] Fletcher R, Leyffer S. Solving mathematical programs with complementarity constraints as nonlinear programs. Optimization Method Software, 2004, 19(1): 15-40.

[130] Zhang L W. Conic Constrained Optimization. Beijing: Science Press, 2010.

[131] Bonnans J F, Shapiro A. Perturbation Analysis of Optimization Problems. New York: Springer, 2000.

[132] Pang L P, Meng F Y, Chen S, et al. Optimality condition for multi-objective optimization problem constrained by parameterized variational inequalities. Set-Valued and Variational Analysis, 2014, 22(2): 285-298.

[133] Zhang J, Zhang L W, Pang L P. On the convergence of coderivative of SAA solution mapping for a parametric stochastic variational inequality. Set-Valued and Variational Analysis, 2012, 20(1): 75-109.

[134] Xu H F. Uniform exponential convergence of sample average random functions under

general sampling with applications in stochastic programming. Journal of Mathematical Analysis and Applications, 2010, 368(2): 692-710.

[135] Clarke F H. Optimization and Nonsmooth Analysis. New York: Wiley Interscience, 1990.

[136] Artstein Z, Vitale R A. A strong law of large numbers for random compact sets. Annals of Probability, 1975, 3(5): 879-882.

[137] Jahn J. Vector Optimization. Berlin: Springer, 2004.

[138] Miettinen K. Nonlinear Multiobjective Optimization. New York: Springer, 1998.

[139] Caballero R, Cerdá E, Muñoz M M, et al. Efficient solution concepts and their relations in stochastic multiobjective programming. Journal of Optimization Theory and Applications, 2011, 10(11): 53-74.

[140] Iusem A N, Sosa W. New existence results for equilibrium problems. Nonlinear Analysis Theory Methods and Applications, 2003, 52(2): 621-635.

[141] Correa R, Lemaréchal C. Convergence of some algorithms for convex minimization. Math. Program, 1993, 62(1): 261-275.

[142] Li X B, Li S J, Chen C R. Lipschitz continuity of an approximate solution mapping to equilibrium problems. Taiwanese Journal of Mathematics, 2012, 16(3): 1027-1040.

[143] Shen J, Pang L P. An approximate bundle method for solving variational inequalities. Communications in Optimization Theory, 2012, 1: 1-18.

[144] Zhu D L, Marcotte P. Co-coercivity and its role in the convergence of iterative schemes for solving variational inequalities. SIAM Journal on Optimization, 1996, 6(3): 714-726.

[145] Muu L D, Nguyen V H, Quy N V. On Nash-Cournot oligopolistic market equilibrium models with concave cost function. Journal of Global Optimization, 2008, 41(3): 351-364.

[146] Bigi G, Pappalardo M, Passacantando M. Optimization tools for solving equilibrium problems with nonsmooth data. Journal of Optimization Theory and Applications, 2016, 171(3): 887-905.

[147] Sun D F. A new step-size skill for solving a class of nonlinear projection equations. Journal of Computer Mathematics, 1995, 13(4): 357-368.

[148] Wang Y J, Xiu N H, Wang C Y. A new version of extragradient method for variational inequality problems. Computers and Mathematics with Applications, 2001, 42(6-7): 969-979.

[149] Ye M L, He Y R. A double projection method for solving variational inequalities without monotonicity. Computational Optimization and Applications, 2015, 60(1): 141-150.

[150] Malitsky Y. Projected reflected gradient methods for monotone variational inequalities. SIAM Journal on Optimization, 2015, 25(1): 502-520.

[151]   Xiao B C, Harker P T. A nonsmooth Newton method for variational inequalities, II: numerical results. Mathematical Programming, 1994, 65(1): 195-216.

[152]   Han D, Lo H K. Two new self-adaptive projection methods for variational inequality problems. Computers and Mathematics with Applications, 2002, 43(12): 1529-1537.